和ごころ、こと始め。

日本のたしなみ帖

Can you introduce the charm of Japan?

world heritage

世界遺産

守るのはわたしたち

自由国民社

はじめに

１９６０年代、水没の危機に瀕したナイル川流域のヌビア遺跡。この遺跡は人類共通の〝宝物〟だから、国境や人種を超えて守ろうという運動が起こり、それがこんにちの世界遺産につながったとされます。やがてユネスコにより、一国を超えた価値を持つとされた文化財（＝文化遺産）や自然環境（＝自然遺産）、それらが一体化しているもの（＝複合遺産）を国際協力によって保護し、末永く受け継いでいくことが定められました。１９７８年にはガラパゴス諸島など12件が初めて世界遺産に登録され、現在ではその数が１０００件以上になります。

本書では日本の世界遺産を、第一章と第三章で14件の文化遺産を、第二章では４件の自然遺産を紹介します。小さな島国・日本には、こんなにも素晴らしい遺産があるのだと、驚きとともに感動も込み上げてくるでしょう。そして、いつかその場を訪れ、かけがえのない宝物を未来へ引き継いでゆく思いを新たにしていただくことを願います。

Introduction

In the 1960s, the relics of Nubia in the Nile River Delta were at the point of being threatened with submersion under water. Deeming these relics to be a shared treasure of all humankind, a campaign that transcended borders and races was launched to protect them. That movement led to the World Heritage site system of today. The United National Educational, Scientific, and Cultural Organization (UNESCO) would inscribe cultural treasures (cultural heritages) recognized as having value transcending a single country, examples from the natural environment (natural heritages), or sites that combined elements of both (mixed heritages). The designated sites would be protected by international cooperation and handed down for eternity. In 1987, the Galapagos Islands and 11 other properties became the first to be inscribed as World Heritage sites. Today, there are more than 1,000.

Chapters 1 and 3 of this book take up the 14 cultural World Heritage sites in Japan, and Chapter 2 presents the country's 4 natural sites. The fact that a small island country like Japan has so many wonderful heritage sites is sure to fill one with both wonder and inspiration. We hope you have the opportunity to visit some of these places, and come away with a renewed desire to see these irreplaceable treasures preserved for future generations.

目次　世界遺産　守るのはわたしたち

第二章

第三章

第一章の世界文化遺産

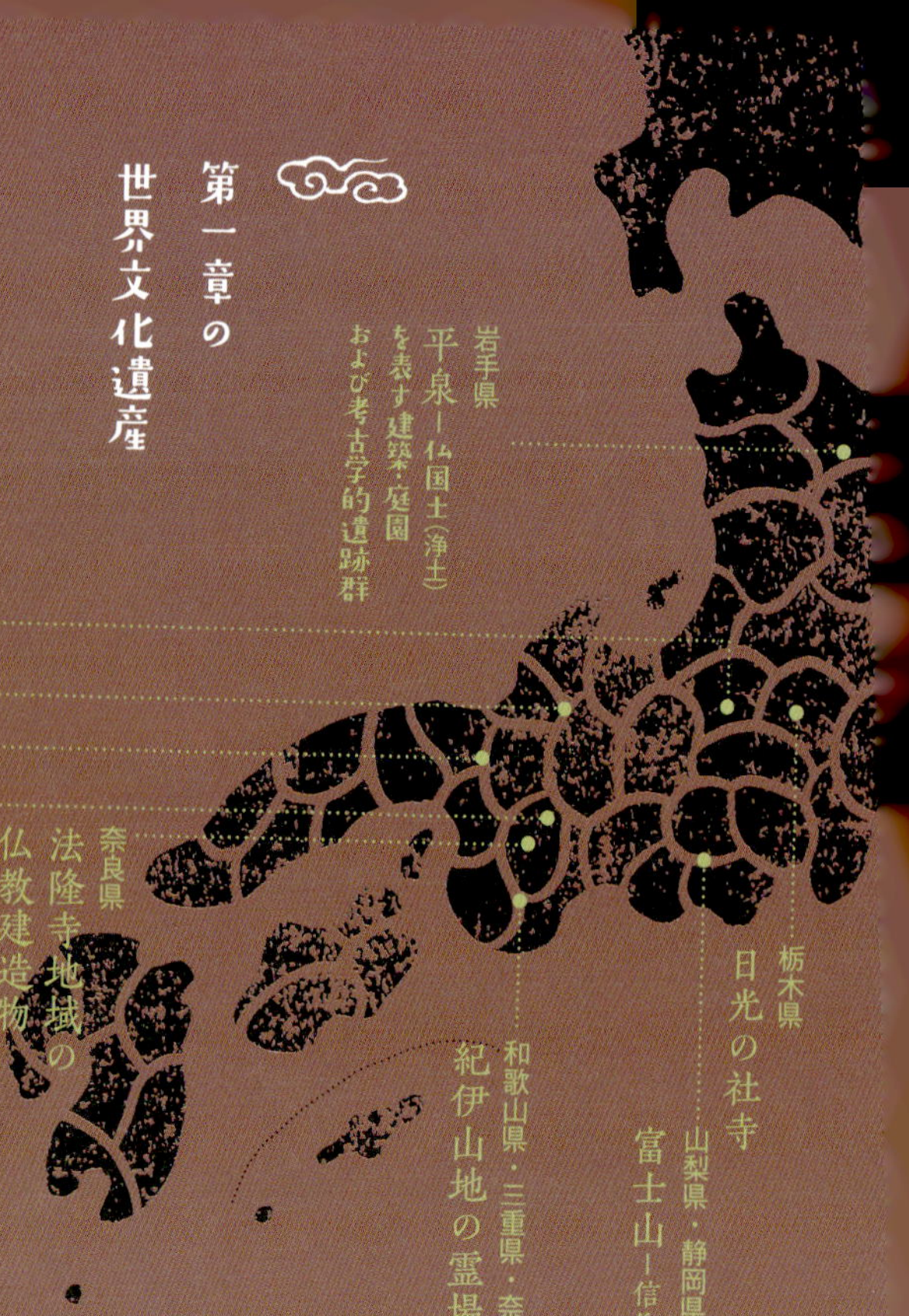
栃木県
日光の社寺
山梨県・静岡県
富士山―信仰の対象と芸術の源泉
和歌山県・三重県・奈良県
紀伊山地の霊場と参詣道
岩手県
平泉―仏国土(浄土)を表す建築・庭園および考古学的遺跡群
群馬県
富岡製糸場と絹産業遺跡群
奈良県
法隆寺地域の仏教建造物
奈良県
古都奈良の文化財
京都府・滋賀県
古都京都の文化財
岐阜県・富山県
白川郷・五箇山の合掌造り集落

第一章 文化遺産 一

日本人の軌跡として

Cultural Sites 1
The Trails Left by the Japanese People

生きる知恵や祈りの結晶、為政者の栄華……。
そこには、それぞれに深い歴史と
その土地に根づき培われた文化があります。
まなざしを向ければ、
私たちの祖先の営みがありありと。

These sites come with both the deep history behind them and the culture that took root and was nurtured in those locations. If you fix your eyes on them, you will be able to get a clear view of the activities of our forebears.

文化遺産

地上に現れた浄土

平泉

岩手県平泉町

仏国土（浄土）を表す建築・庭園及び考古学的遺跡群

どこまでも
自然を重んじた
理想郷を歩く

毛越寺庭園

修復整備された毛越寺庭園は、池を海に見立て、水際には丸石を敷き海岸を表現。理想の自然が再現された心安らぐ庭園です。

奥州藤原氏3代の栄華

岩手県南西部の平泉町。平安時代末期、東北の政治・文化の中心として栄え、仏教都市の面影を伝える平安の遺跡がいまも点在します。みちのくの中央に位置したこの平泉に、藤原清衡（きよひら）が居を移したのは平安時代後期のこと。当時は争乱が絶えず、父と妻子を殺され地獄を見た清衡は、敵も味方もなく成仏できる平和な理想郷を強く願って、この世に浄土（＝仏の住む清らかな国）を築くことを誓います。

清衡は、先の合戦で亡くなった命を平等に供養するため、中尊寺を造営します。浄土実現への願いは子へ孫へと受け継がれ、4代泰衡（やすひら）が源頼朝に滅ぼされるまで、清衡、基衡（もとひら）、秀衡（ひでひら）と、3代100年にわたり、この地に一大仏教都市を出現させることとなりました。

中尊寺

初代清衡が40余りの堂塔を造営。国宝の金色堂には15年の歳月を費やしました。木立に囲まれた覆堂の中に守られています。

当時の堂塔のほとんどが焼失したなか、唯一いまに残る中尊寺金色堂と、毛越寺庭園、さらに周辺3つの遺跡が、「仏国土（浄土）を表す建築・庭園及び考古学的遺跡群」として、世界遺産になっています。

なかでも重要なのは、庭園の存在。2代基衡・3代秀衡が造営した毛越寺庭園は、浄土を地上に再現しようとした「浄土庭園」の典型といわれます。作庭の技術は仏教とともに大陸から伝えられたものですが、そこには古来自然を尊ぶ日本人独特の考え方が反映されているといいます。自然の景観が取り入れられ、大泉が池は海を、そこに水を引き入れる遣水（やりみず）は川を表し、さらに背景には古来聖なる山があります。

穏やかな海、清冽な川、豊かな山。浄土とは、けして現世とかけ離れた理想郷ではなく、もしかしたらふるさとのような場所なのかもしれないと思えてきます。

白山神社能舞台

中尊寺境内にある白山神社能舞台。いまも四季折々に能が奉納されます。

芭蕉の心を打った光堂

藤原氏の栄華をいまも物語る中尊寺金色堂は、毛越寺から車で数分の場所にあります。杉木立に導かれるようにして参道を上っていくと、そのいちばん奥、覆堂（おおいどう）の中に。

足を踏み入れれば、絞られた明かりのなか、黄金に輝く仏像の数々と、金、銀、螺鈿（らでん）に蒔絵（まきえ）……精緻な装飾が浮かびあがります。これらはみちのくに産した豊富な金や漆をふんだんに使ったものとか。

堂内の須弥壇（しゅみだん）には、清衡、基衡、秀衡3代の遺体と、4代泰衡の首級が安置されているといいます。これだけの時を経て4世代にわたる遺体が現存するのは、他に例がないそうです。

この金色堂をおよそ３００年前に訪れているのが、あの松尾芭蕉。「五月雨（さみだれ）の降残してや光堂」がその時の句です。

『おくのほそ道』によれば、当時の金色堂は金箔も剥げ、装飾も朽ちかけていたようです。それでも、かつてのままそこに在るという事実が、芭蕉の心を動かしたといわれます。

貴重な平安の遺跡がこうして残されたのは、都市化されなかったからだけではないでしょう。この地の人々もまた浄土を願い、清衡の思いを連綿と守り継いできたからにちがいありません。

memo

ご遺体の謎

4世代のご遺体については、昭和25年に学術調査が行われていますが、腐敗を免れるため何らかの手が加えられたかどうかは謎。今後最新の科学により新たな発見があるかもしれません。

中尊寺金色堂

平安後期の美術・工芸の粋を集めた、中尊寺金色堂。内外に漆を塗り金箔を重ねた、美しい装飾の数々。極楽浄土を象徴するモチーフで満たされています。

（写真＝中尊寺）

鎌倉時代から昭和まで金色堂を守ってきた旧覆堂。現在は文化財に。

文化遺産 一

日光の社寺

家康の偉業を讃える

栃木県日光市

人を引き寄せる絢爛豪華な無二なる造形美

日光東照宮

家康の霊を祀っています。当時の工芸の粋を駆使した陽明門は、一日中見ていても飽きないので「日暮門（ひぐらしのもん）」とも。朱や黒漆、金の装飾、極彩色の彫刻は、当代一流の名工や画家の手によるものです。

二荒山神社

古くから崇拝されてきた、山岳信仰の中心。広大な日光山内を境内に持ち、日光の山に宿る神々を祀っています。境内の御神木は、樹齢約700年の大杉。

大勢の人でにぎわう東照宮境内。上は、「見ざる言わざる聞かざる」で有名な、東照宮神厩（しんきゅう）の三猿。

めくるめく造形美

日光東照宮、二荒山(ふたらさん)神社、日光山輪王(りんのう)寺(じ)の二社一寺からなる日光山は、栃木県西部に位置します。山岳信仰の霊場として歴史は古く、奈良時代、勝道上人(しょうどうしょうにん)により開山された神仏習合の地。江戸時代になって、死後御霊(みたま)を神として祀れとの徳川家康の遺言のもと、二代将軍秀忠により日光東照宮が創建されました。

それを現在のような華麗な姿へと造り変えたのが、家康の孫にあたる三代将軍家光。平和な世をもたらした家康の偉業を讃え広く知らしめるため、人心を掴(つか)む建造物が必要だったのでしょう。江戸から日光街道を通って諸大名たちが参拝する、政治的にも重要な場所となりました。

表も裏もおびただしい装飾に覆われた陽明門。異様なまでの密度を持った建築は、その磁力なのか、たくさんの人々を引き寄せては面白いように呑み込んでいきます。門をくぐるとその奥にも、絢爛豪華ここに極まれりといった造形美の数々が。

人物や動物、霊獣まで張りついた色鮮やかな彫刻は躍動感があって、アニメーションさながらに語りかけてくるようです。陽明門の前までは庶民も入ることを許されていたそう。娯楽の少なかった当時の人々の目をそれは楽しませたのでしょう。

memo

終わることのない修理

建物の多い日光の社寺は、常にどこかしらが修理中。国産の漆や岩絵の具といった稀少な材料が惜しみなく使われた造形は、専門の職人たちの手によって、当時の技法と材料で維持されているそうです。

三代将軍家光公に思いを馳せて

東照宮から西に歩けば、日光山が開かれた頃からの氏神様、二荒山神社があり、さらに家光公を祀る墓所、輪王寺の大猷院（たいゆういん）霊廟（れいびょう）が座しています。最上級の装飾である黒漆に金を基調とした、やはり豪奢な建築に変わりはありませんが、東照宮に比べれば落ち着いた印象。あちらが太陽なら、こちらは月といったところでしょうか。薄暗い木立の中に鈍く光る金は、一種の凄味を帯びています。

それにしても、最高権力を掌握した将軍とはいえ、これほどの造形を生み出したエネルギーとは何なのでしょう。家光公は幼少時代病弱で、実の親に冷遇され、代わりに自分を認めてくれた祖父・家康公を慕い、崇拝したといいます。日光山は、孤独な権力者の心の拠り所でもあったのかもしれません。幕府の蓄えを湯水のように注ぎ込んだ東照宮には、10回も訪れています。そして家康公の元へ急ぐように、48歳という若さで没しているのです。

1999年に文化遺産登録された、103棟にも上る二社一寺の建造物。当時最高峰の意匠は、これまで繰り返し修理されながら大切に守り継がれ、時を超え精彩を保ち続けています。

日光東照宮に通じる日光杉並木街道は、今市市から日光市にかけて約37㎞。空を覆う緑が歴史を感じさせます。

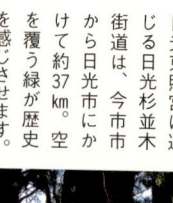

日光山輪王寺

勝道上人が開いた古刹。家光公の霊廟、大猷院は、家康公を凌駕しないよう東照宮より控えめな装飾になっているとか。

知っておきたい世界遺産の基本

そもそも「世界遺産」って何なの？　いつから始まったの？
「世界遺産」になったら、どうなるの？
そんなギモンに答えます。

Q どんな定義があるの？

A 世界遺産とは、地球の生成と人類の歴史によって生み出され、過去から現在へと引き継がれてきたかけがえのない宝物であり、今日を生きるすべての人々が共有し、未来の世代へと引き継いでいくべき遺産です。1972年の第17回UNESCO（国連教育科学文化機関）総会で採択された「世界の文化遺産及び自然遺産の保護に関する条約」（通称、世界遺産条約）の中で「顕著な普遍的価値を有するものとして『世界遺産リスト』に登録された有形の不動産」と定義されています。

Q 世界遺産条約のきっかけは？

A 1948年にUNESCOやフランス政府、スイス自然保護連盟などの呼びかけでIUCN（国際自然保護連合）の発足を見ます。また60年代にはUNESCOが「エジプト・ヌビア遺跡救済キャンペーン」を行い、65年、そのような活動を支えるためにICOMOS（国際記念物遺跡会議）が設立されました。72年6月の「国連人間環境会議」で、IUCNは自然環境、ICOMOSは文化財の国際的保護に関する条約を提案したところ、両創案の内容が共通していたため一括され、同年UNESCO総会で採択されたのです。

Q どんな種類があるの?

A 世界遺産は一定の基準によって3種に分類されます。「文化遺産」＝建造物、遺跡、記念工作物、文化的景観など。「自然遺産」＝地形や自然美、絶滅危惧種や固有種を含む生態系を有する地域など。「複合遺産」＝文化遺産と自然遺産の両方の要素を兼ね備えたもの。いずれも、「顕著な普遍的価値」が認められるものに限られます。

Q 登録されるには?

A まずは、世界遺産条約に締結した各国政府が国内の暫定リストを作成。その中から、長期的な保存管理計画や法整備などの準備や条件のととのった、優先順位の高い案件を選び、登録推薦書を世界遺産委員会に提出します。その後、自然遺産はIUCNが各候補地に出向いて綿密な評価調査を行い、その報告を受けて、毎年1回（6～7月頃）開催される世界遺産委員会で世界遺産リストへの登録の可否が審議・決定されます。ちなみに、締約国21ヵ国で構成された政府間委員会で、世界遺産委員会は、世界遺産リストの作成や登録された遺産保護支援を実施。事務局としての機能はUNESCO世界遺産センターが担っています。

Q 登録されたらどうなる?

A 登録後は、所在国や国際社会にはその世界遺産を保護する義務と責任が生まれます。世界遺産委員会は、個人やNGO、各国政府などから世界遺産に起こりうる危険について報告を受け、正当と判断されると「危機にさらされている世界遺産リスト（危機遺産リスト）」に登録。逆に義務と責任を怠れば、登録は抹消されてしまいます。

【世界遺産リスト記載への道】

まずは第一歩。 世界遺産条約締結国による暫定リストの提出

⇓

お願いします！ 世界遺産委員会への推薦書提出

⇓

ココ、大事。 ICOMOS、IUCNによる暫定リストの現地調査

⇓

ドキドキ……。 世界遺産委員会(年1回開催)で審議、登録の可否を決定

⇓

おめでとう！ 世界遺産リストへの登録

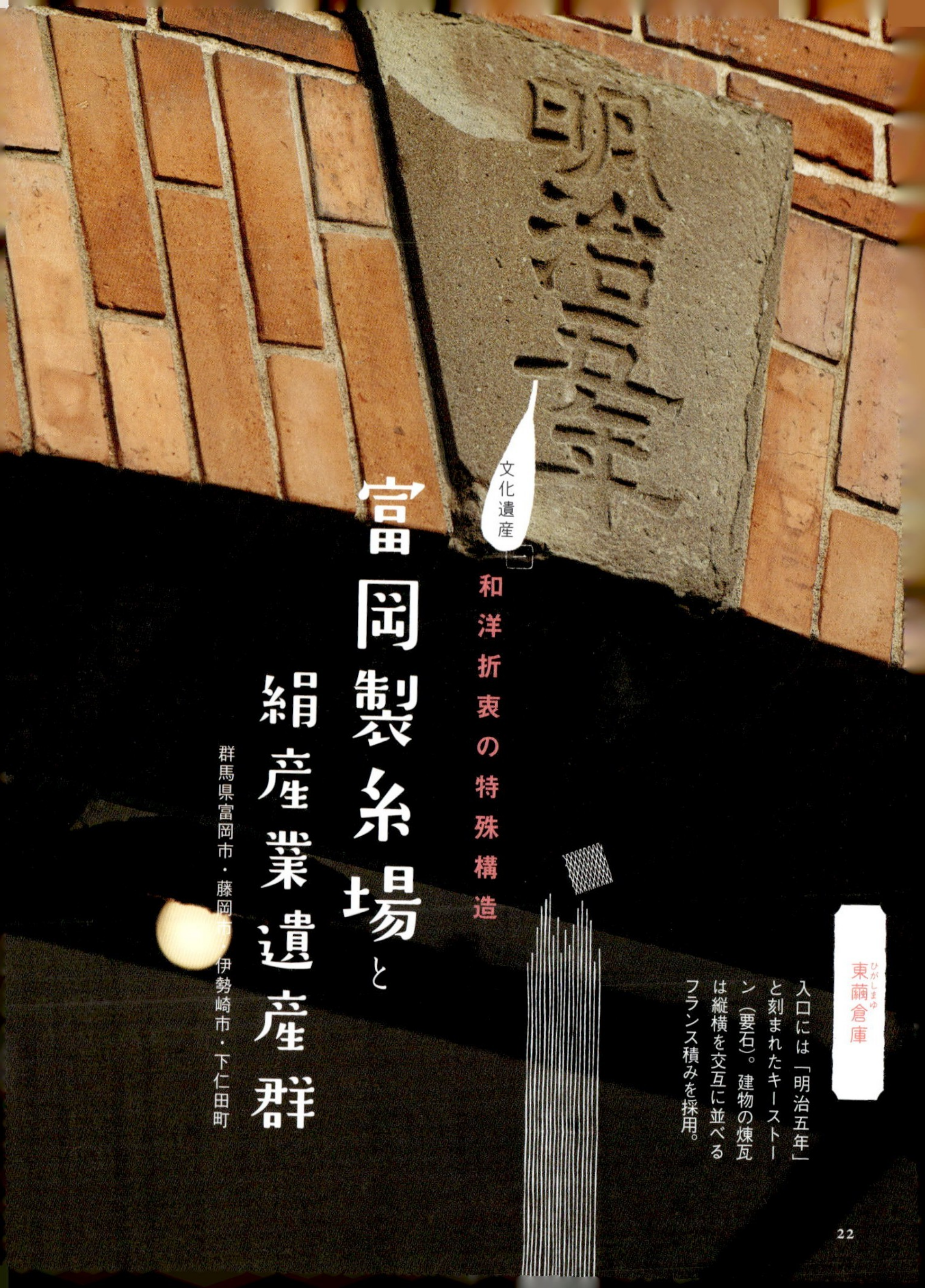

文化遺産 一

和洋折衷の特殊構造

富岡製糸場と絹産業遺産群

群馬県富岡市・藤岡市・伊勢崎市・下仁田町

東繭倉庫（ひがしまゆ）

入口には「明治五年」と刻まれたキーストーン（要石）。建物の煉瓦は縦横を交互に並べるフランス積みを採用。

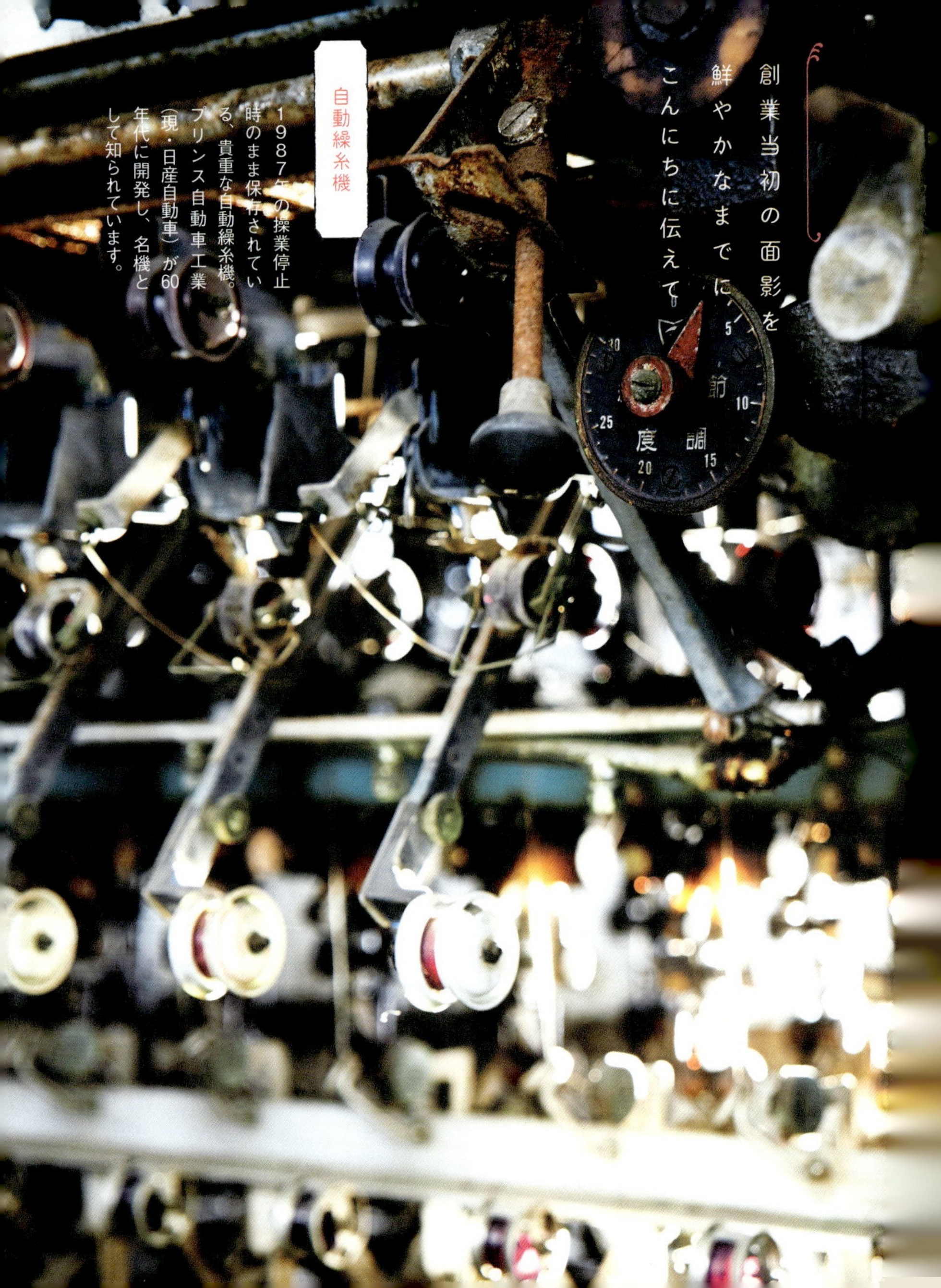

創業当初の面影を
鮮やかなまでに
こんにちに伝えて

自動繰糸機

1987年の操業停止時のまま保存されている、貴重な自動繰糸機。プリンス自動車工業（現・日産自動車）が60年代に開発し、名機として知られています。

工場内の主な施設

昭和14年に建設された鉄筋コンクリート製の煙突。直径は2・5m。

下／直径約15m、最深2・4mの鉄水槽。当初は煉瓦製でしたが、水漏れにより鉄製に切り替えられました。

115年ものあいだ連続操業した繰糸場の内部。天井は中央に柱がないトラス構造、機械は昭和期の自動繰糸機。

当初の工女寄宿舎から大きく数えて3代目の寄宿舎。昭和15年に最も環境のよい現在地に木造2階建て2棟を建築。

最適な環境で模範工場に

軽量で柔らかく丈夫な生糸生産は、貿易を始めた江戸時代末期には国内最大の輸出品であったほど重要な産業でした。しかし、輸出が盛んになると同時に、質の悪い生糸が多く出回ります。明治政府はそれを危惧するとともに殖産興業政策を推し進めるために官営の模範製糸場設立を決定し、富岡に大規模な工場の建設を進めました。

富岡が選ばれたのは、養蚕が盛んであったことや、工場を建設できる広い土地があったこと、そして、必要な水や石炭が確保できたためです。フランス人による設計図と日本人大工の建築技術により、およそ1年5ヵ月で完成。良質の生糸の大量生産を図る模範工場にするために、フランス人の男女技術者、フランス製の製糸器械、さらに工場制度を導入しました。明治5（1872）年10月に操業を開始し、その後、富岡工場を模範とした製糸場が全国に設立され、日本における良質で大量の生糸生産体制が整ってゆくのです。第二次世界大戦中も富岡の工場は機能し続けましたが、国際競争の激化により1987年に操業を停止します。

世界遺産登録に関する取り組みは2003年より始まり、14年6月に晴れて登録が決定しました。現時点では、最も新しい日本の世界遺産です。富岡製糸場（富岡市）、田島弥平旧宅（伊勢崎市）、高山社跡（藤岡市）及び荒船風穴（下仁田町）の四資産で登録されました。

さまざまな人の貢献あってこそ

世界遺産としての価値は、ヨーロッパの製糸器械の導入と国内製糸・養蚕技術の高さ。そして、良質な生糸を大量生産し、世界の絹の大衆化を図ったこと。屋根には日本瓦をのせた和洋折衷の木骨煉瓦造という大規模建造物群が、当時の建築を残したままきわめて良好に保存されていることも、認められた大きな要因です。

文久3（1863）年建立の田島弥平旧宅は、清涼育（通風を重視した飼育法）という養蚕飼育に適しており、養蚕の実験場であると共にその指導機関でした。やがてこの建物様式が養蚕農家の原型となり、蚕種の輸出の大きな起動力となりました。

高山社は清温育（人工的に温度と湿度を管理する温暖育と、清涼育の長所を取り入れた飼育法）を確立した、高山長五郎（たかやまちょうごろう）

明治の工場

明治時代の浮世絵師・長谷川竹葉による『上州富岡製糸場之図』（1876年）。鮮やかな色彩が印象的です。（富岡市立美術博物館蔵）

が設立した養蚕教育機関です。全国各地から学ぶ人が集まり、その延べ人数は2万人を超えたといいます。

自然に吹き出す冷風を活かして蚕種を保存する施設・荒船風穴は、蚕の飼育を複数回化して繭の増産に貢献。これは当時、日本最大の貯蔵施設でもありました。

これらの3資産は各自の機能を発揮しながら富岡製糸場の生糸生産と密接な役割を果たし、発展を遂げていったのです。

memo

開港と日本の生糸

徳川幕府が函館・横浜・長崎等を開港した安政6(1859)年。当時、蚕の微粒子病が欧州全土に広がったことで、その被害を受けなかった日本の生糸に国際的な注目が。生糸や蚕種の輸出が急増しました。

高山社跡

群馬県藤岡市にある、高山長五郎の生家。ここで研究や社員への指導を行いました。(写真=群馬県)

荒船風穴

養蚕農家の庭屋静太郎により、明治38年に建設された蚕種貯蔵施設。低温で温度の変化が少ない風穴を利用して貯蔵していたそう。(写真=群馬県)

文化遺産 一

世界に誇る日本人の美意識

富士山

山梨県・静岡県

信仰の対象と芸術の源泉

どこから眺めても
堂々と麗しく聳える
心の拠りどころ

逆さ富士

富士五湖の一つ、河口湖からはとりわけ優美に富士山全体を望めます。晴天の湖面に映る逆さ富士は絶景。

崇拝の対象として

中部日本、静岡・山梨両県に跨って聳える名山、富士山。標高3776mは、童謡や唱歌などにも歌われている通り、日本一です。「一富士二鷹三茄子」と縁起の良い初夢の筆頭にも挙げられ、威厳と秀麗を兼ね備えた容姿は、日本を代表する象徴として世界でも広く知られています。

富士山は有史以前から噴火を繰り返してきた火山。山部赤人が「神さびて高く貴き　駿河なる布士の高嶺を」と詠ったように、古代には「荒ぶる神」が宿る霊峰と畏怖されていたことがわかります。霊験あらたかなご神体、富士山を遥拝する（遥かより拝む）ための社殿が麓に建てられ、富士山本宮浅間大社が創祀され、と信仰の対象としての性格は強まっていきました。

さらに時代が下ると、人々は近寄り難

富士山頂

構成資産の筆頭は山頂の信仰遺跡群。雲海を下にご来光を拝むのも醍醐味です。

かった聖域の中へ足を踏み入れていきます。中世にはその険しさから修験者たちの道場となりました。近世・江戸期には、民衆が直接霊力にあやかろうと、遠路はるばる頂を目指して登拝する富士講が盛んとなったのです。日本一高い山頂を目指すというスポーツにも通じる今日の登山とは、趣が異なるものだったといえるでしょう。

世界遺産「富士山」を構成する25の資産のほとんどは信仰に関連したもの。今も変わらず、心身あらたまる聖域です。

memo

火山としての歴史

約70~20万年前の小御岳火山、約10万年前の古富士火山、約1万年前の新富士火山の3つの時代（期間）に分けられます。噴火を活発に繰り返し、想像もつかない歳月を経て現在の姿に。

白糸ノ滝

幾筋にも分かれて流れ落ちる、山からの湧水。富士信仰の聖地の一つでした。

日本人の美意識の原点

富士山というシンボルは信仰だけに留まらず、日本人の美意識にも強く影響を及ぼし、実に多くの作品のモチーフとして描かれてきました。文学ではかぐや姫に渡された不老長寿の薬を帝が山頂で焼く古典『竹取物語』や「富士には、月見草がよく似合ふ。」の一文で有名な太宰治の『富嶽百景』、美術なら俵屋宗達の作品と伝わる『業平東下り図』や横山大観の日本画など、枚挙にいとまがありません。そして、葛飾北斎や歌川広重による数々の浮世絵は幕末~明治期に海を渡り、印象派などの画家たちに多大な影響を与えたのです。

なぜ富士山がこれほどに詩心や絵心に響くのでしょう。それは「八面玲瓏」「面向不背」と漢詩に書かれているように、どこから見ても秀麗に光り輝き正面となる、山のかたちのシンメトリー性にあるといわれます。日本一の山が絶対的安定感で座している、そこに心惹かれるのかもしれません。

夏目漱石は『三四郎』の登場人物に「あれが日本一の名物だ。あれより外に自慢するものは何もない」と語らせています。「富士」は「不二」に通じます。富士山は、まさに二つとない日本の至宝なのです。

三保の松原

謡曲『羽衣』の舞台としても有名な景勝地。ここから富士山を望む構図は、富士山画の典型となりました。

シルエット富士

雲が茜色に染まる西の空を背に、山の姿を浮かび上がらせている富士山。フォルムそのものが、郷愁を誘います。

文化遺産 一

白川郷・五箇山の合掌造り集落

人と人との強い絆

岐阜県白川村・富山県南砺市

自然を生き抜いてきた知恵

岐阜県の白川郷（しらかわごう）と、富山県の五箇山（ごかやま）に守られてきた合掌造り集落。合掌造りの家は、大雪でもつぶれにくい急勾配の屋根を持っています。それは、人々が心を寄せ合い作り上げてきた、厳しい自然を生き抜くための知恵の賜物でした。

白川郷は岐阜県の北西端、富山県との県境にあります。荻町集落に入ると、ぽつぽつ現れる三角屋根。昔話を思わせる愛らしさですが、そばまでくると、その大きさ、重量感に圧倒されます。

村では数軒が内部を公開しています。家の2階へ上ると、ちょっとした体育館といってもよさそうな大空間。この屋根裏は、村の主要産業だった養蚕に使われていたそうです。ここは住まいであると同時に、生産の場でもあったのです。山間部で土地が限られ雪に閉ざされるこの地で、一つ屋根の下に大家族が暮らしてゆける、実に機能的であり合理的な建築でした。

白川郷

霊峰白山のふもと、日本有数の豪雪地帯。荻町集落には、江戸末期から明治末期に建てられた114棟の合掌造りが残ります。同じく世界遺産の富山県・五箇山へは、車でおよそ30分。

鐘楼もこの通り茅葺き。江戸中期建立といわれる明善寺（みょうぜんじ）の鐘楼門。

合掌造り

丸太を組んだ合掌組と梁が、荒縄などで縛りつけられた屋根裏。釘は使われていません。1階の囲炉裏の暖と煙が自然に回り、屋根を長持ちさせました。

集落を守ってきた「結」の力

合掌造りの家の特徴である、分厚い茅（かや）に覆われた合掌屋根は、村人たちみんなの手で葺（ふ）き替えられてきました。「結（ゆい）」と呼ばれる無償の助け合いのしくみで、村人200人ほどが丸一日で葺き上げたといいます。屋根の葺き替えは20〜30年に一度。合掌造りが減った現在では、業者に依頼することも多いそうですが、そんな大仕事が人々の心を一つにし、その絆をより深めてきたのでしょう。

力を貸し、力を借りる。人間が長い時間を生き抜く中で培ったこの最大の知恵を、この地の人は大切に守り続けてきました。それこそが合掌造り集落の真価といえるでしょう。大建築を支えていた土台は、村人一人ひとりのかたい結びつきでした。

合掌造り集落は、時の権力者が贅の限

家族と使用人15～16人が暮らしていた時代もあるという和田家。2階の養蚕用具など多彩な生活道具は、なんでも自前で作った暮らしを偲ばせます。

りを尽くして造らせた記念碑的建造物とは違います。自然に寄り添いながら生きてきた私たちの祖先である無名の人々が、自らの手で作り上げ、守ってきた住まいです。

そして、過去の遺跡ではありません。現在も人が暮らし続ける、貴重な「生ける遺産」なのです。茅葺き屋根の下には温かい灯があって、生身の人間が暮らしているからこそ、私たちはそこに本物のふるさとを見ることができるのでしょう。

memo

合掌造りに泊まる

昔の暮らしにより深く触れるなら、合掌造りの民宿に泊まるのがおすすめ。夕食は、囲炉裏や薪ストーブを囲んで、野趣に富んだ山里の味覚を。同宿のお客さんとも打ち解け、和むこと間違いなしです。

合掌造り集落

家々の周りに塀はなく、消雪のための水路が巡らされ、山からの清冽な水が走ります。寄り添い合う家族を守りながら、大屋根は幾たびもの冬を越え、数百年を生き抜いてきました。

幾百もの
厳冬を越えた
愛すべき三角屋根

古都京都の文化財

千年超えの歴史を歩む

京都府京都市・宇治市・滋賀県大津市

日本文化の粋を巡る

京都は文化財の宝庫。その数、その規模、美しさで他を圧倒します。平安建都以来の長い歴史の上にあるこの街。市内には、国の史跡だけでも60カ所が集中するといいます。世界遺産も、17に上る史跡から構成されています。

もちろん、数だけではありません。それらは特定の時代の史跡ではなく、平安の昔から江戸時代にいたるまで、各時代の顕著な見本になっています。1000年以上の歴史と文化が積み重なった街は、世界的にも稀に見る価値。時代を代表する珠玉の建築や庭園を巡れば、そこに花開いた日本文化の粋を見渡すことができるのです。

それらは、庭師や宮大工といった優れた職人たちの仕事の結晶でもあります。匠の技に思いを馳せながら眺めれば、いっそう趣深いものとなるでしょう。

清水寺（きよみずでら）

市の東部、東山区に位置。古く8世紀に始まる観音信仰のお寺で、平安以来、庶民の参詣が絶えません。現在の建物は、徳川家光の寄進による17世紀の再建。修学旅行生が多く訪れるスポットです。

心に染み入る
禅寺の枯山水は
宇宙のような広がり

龍安寺（りょうあんじ）

海外でも有名な石庭は、室町末期、優れた禅僧によって作庭されたと伝わります。狭くも広くも思える長方形の庭、配された大小の石……その意味は、見る人の自由な解釈にゆだねられています。

大人の修学旅行で、古都再見

京都駅から歩いて15分ほど。西本願寺の門をくぐると、世界最大級の木造建築、御影堂（ごえいどう）と、並び立つ阿弥陀堂（あみだどう）が壮観の一言。中に入れば、圧倒的な木のせいか、まるで大きな森の中にいるように安らぎます。まさに、自然に手と手を合わせたくなる空間。伏見城の遺構といわれる国宝の唐門は、桃山文化の華やかさ。迫力ある彫刻と色鮮やかな彩色は、見飽きることがありません。

いっぽう、京都駅からバスで約10分。清水寺へ向かう参道、清水坂は制服姿の学生たちでいっぱい。時代は変わっても、この光景はいまも昔も変わらないようです。名物生八ツ橋に千枚漬……道の両脇から試食を勧める手が、千手観音のごとく次々延びてくるのも同じ。

かたや、久しぶりに再会した「清水の舞台」は妙に新鮮。なぜか肝心のお寺の記憶がすっぽりと抜け落ちているせいでしょう。だからこそ、大人になって歩く京都は、初めて見るような発見に満ちているのかもしれません。

memo

世界遺産巡りの小休止

世界遺産と合わせて訪ねたいのが、周辺の小さなお寺。人も少なく静かでおすすめです。たとえば、世界遺産・銀閣寺近くの法然院。文豪・谷崎潤一郎も眠る閑静なお寺は、青々した苔が目に沁みます。

本願寺（西本願寺）

末寺一万余りをかかえる、浄土真宗本願寺派の本山。13世紀に始まり、16世紀に豊臣秀吉が寄進した現在の地に。御影堂は江戸初期の再建。左は唐門。ともに国宝です。

天龍寺

14世紀、足利尊氏が名僧・夢窓国師（疎石）を開山として創建、京都五山の第一位とされた禅宗寺院です。日本最古の池泉回遊式庭園、曹源池（そうげんち）庭園は、静謐な美しさ。

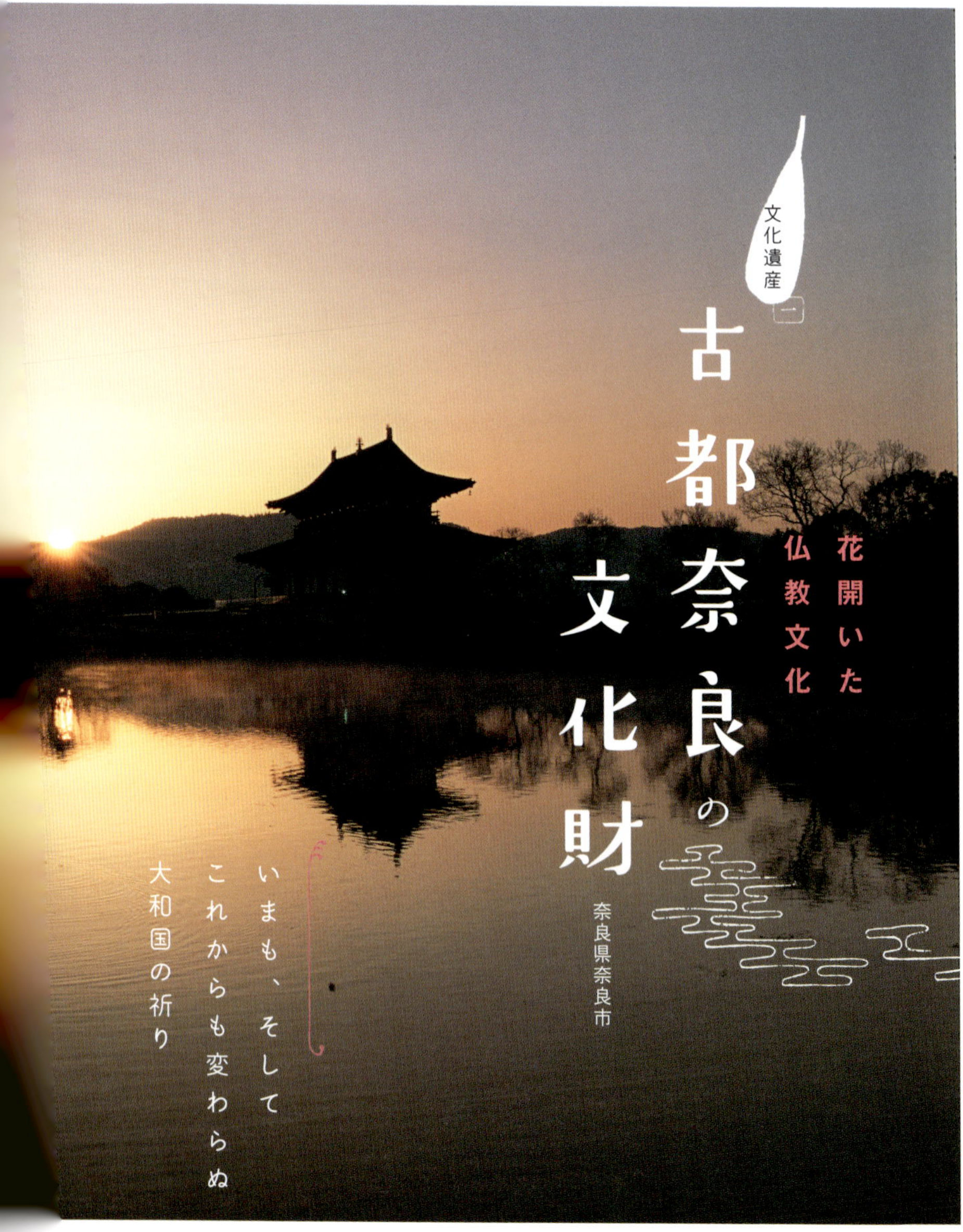

文化遺産 一

古都奈良の文化財

花開いた仏教文化

奈良県奈良市

いまも、そして
これからも変わらぬ
大和国の祈り

平城宮跡

平城京の中枢部、天皇の住まいであり政治の中心だった宮城の遺跡。正門の朱雀門（すざくもん）、第一次大極殿（だいごくでん）などが復元されています。昭和30年代から発掘が続けられ、約12万点の木簡（文字を記した木片）が出土しています。

いにしえの都の面影

「国のまほろば」と謳われた大和の国。1300年前の奈良の都には、仏教文化の大輪が咲きました。世界遺産は、そんな奈良時代の社寺など8資産からなります。

奈良県北部に位置する奈良市は、京都から近鉄特急で30分余り。電車はいにしえの奈良の都、平城京の中央北寄りに位置する平城宮跡を横断し、寺院の立ち並ぶ奈良公園へと滑り込みます。

駅を出ると、さっそく五重塔やお寺の甍(いらか)が見えてきます。どれも黒々として大きく、日本であって日本でないようなスケール感です。そして、いたるところに鹿が。古くから鹿は神の使いとして守られてきたのです。観光地にしてこのゆったりした空気は、京都とはずいぶん違います。時間の流れ方まで、鹿の歩みに似てのんびり。

猿沢池(さるさわいけ)

奈良公園のシンボルの一つ。藤原氏の氏寺、興福寺の五重塔がよく映えます。

「咲く花の薫ふがごとく」と謳われた平城京は、唐の都・長安を手本に造営されたといいます。藤原京（現在の奈良県橿原市）からの遷都に始まり、京都の長岡京へ都が遷るまでの70年余りにわたって日本の首都として栄えました。大陸の文物を取り入れ、仏教を中心とした国造りが進められたこの時代。大寺院はこの地で繁栄を続け、以来宗教都市として永らえてきました。のびやかな自然の中で、いまも変わらぬ祈りが捧げられています。

memo

奈良でいただく伝統食

寺のまち奈良には、「茶がゆ」や「奈良漬」といった、素朴でつつましやかな伝統食がいろいろ。「吉野本葛」もその一つ。精進料理である胡麻豆腐に欠かせません。葛餅などでも気軽に味わうことができます。

春日大社

平城京の守護のため創建、藤原氏の氏神として発展。背後の春日山原始林も世界遺産です。

盧舎那仏に息づく祈り

世界遺産の寺院の中でも、いちばんのスケールといえば、やはり東大寺。鹿の群れをぬって南大門をくぐると、巨大な大仏殿の中にかの「大仏さん」は静かに鎮座ましましていました。

当時は、疫病の流行や飢饉、政変などが続いた困難な時代にあったといいます。全国に国分寺が建てられ、国を守るための祈祷がさかんに行われました。東大寺も、聖武天皇が国家の安泰を願って造営、盧舎那仏の造立を発願します。造像にあたり、天皇は考えたといいます。多くの国民とともに心を合わせて造ることで、国民の仏像にしたいと。そうして広く全国に「一枝の草、一把の土」の助けを呼びかけるのです。

東大寺大仏殿

世界最大級の木造建築で江戸中期の再建。当初はさらに大規模なものでした。現在は高さ約48m、幅約57m。

最終的にこの仏像に関わったのは、延べ260万人ともいわれます。これは当時の日本の人口のおよそ半分にあたる数だとか。一人ひとりはわずかな力でも、それを一つに集め合わせればとてつもない力となり、不可能と思える大事をも成し遂げられる。それを形にして見せてくれたのが、この巨大な仏像だったのです。

盧舎那仏

世界最大級の金銅仏、盧舎那仏。蓮弁や脚部に奈良時代の部分が残り、頭部は江戸時代、体部には鎌倉時代の修復が多い。

一 世界最古の木造建築

法隆寺地域の仏教建造物

奈良県斑鳩町

世界的な仏教文化の宝庫

　1993年12月、法隆寺は白神山地、屋久島、姫路城とともに日本で初めて世界遺産に登録されました。現存する世界最古の木造建築としての価値と、日本に仏教が伝来し、その文化が根付いたことを示す証として世界に認められたのです。

　広大な18万7000㎡の境内には、飛鳥時代をはじめ各時代の粋を集めた数々の建築物があり、貴重な宝物類も2300余点。何度訪れても見どころは尽きません。

朽ちることなく1400年前をいまに伝える

南大門

法隆寺の総門ともいえる南大門からの眺め。正面に見える中門を潜ると、左手に五重塔、右手に金堂が。

法隆寺は西院伽藍と東院伽藍から成ります。西院は聖徳太子が父・用明天皇の病気治癒を願い、推古天皇15（607）年、完成したとされています。最も古いのが金堂。ギリシャ神殿の柱のような中央部が膨らんだ胴張り（エンタシス）の柱を取り入れ、中国・唐時代以前の様式も随所に。ご本尊の釈迦三尊像が安置され、アルカイックスマイルをたたえています。

次に古いのが象徴の五重塔。高さ31・5mは現在のマンションにして10階建てに相当。特色は、初重（最下層）の軸部に対し最上層のそれがどのくらい小さいかを示す逓減率にあり、五重の軸部の面積は初重の半分。これが美しさと安定感を生み出しています。『日本書紀』によると、天智9（670）年の火災で西院の伽藍は全焼。現在の建物は、8世紀の初頭までに再建されたといわれています。

東院の建立には法隆寺の僧・行信が尽力しました。天平11（738）年、聖徳太子を尊び偲んで、八角円堂すなわち現在の夢殿を完成。その中央の厨子には太子等身の「救世観音像」が安置されています。

法隆寺を訪れることは、日本の仏教文化の礎に触れることであり、日本人の精神のふるさとともいえます。時間を忘れて、じっくりと散策したいものです。

memo

法起寺

法隆寺の北東約1・2㎞、のどかな田園風景の中に建つ古刹。かつて聖徳太子が法華経を講説したとの言い伝えが残り、高さ24・3mの現存最古の三重塔でも有名。三重塔とともにこの寺も世界遺産に登録されています。

金剛力士像

中門の向かって右、和銅4(711)年に造られた日本最古の金剛力士像・阿形。像高379・9㎝。

金堂と五重塔が甍を並べる西院のこの地こそ、法隆寺で最も聖なる場所。

いにしえの道の世界遺産

紀伊山地の霊場と参詣道

和歌山県・三重県・奈良県

熊野灘

那智大社から望む熊野灘。紀伊山地は険しく、海まで山が迫ります。京都からの熊野詣は、往復およそ40日もかかったとか。

神住む山々と祈りの道

和歌山県、三重県、奈良県にまたがる「紀伊山地の霊場と参詣道」。それらは、日本最大の半島である紀伊半島の深い山々の中にあります。

３つの山岳霊場「熊野三山」「高野山」「吉野・大峯」。のみならず、そこにいたる参詣道が世界遺産に。「道の世界遺産」は、他にスペインの巡礼路があるのみ。世界的にも貴重です。

熊野那智大社

那智勝浦町、那智山の中腹に鎮座する那智大社へと続く大門坂は、古道のおもむきを残す参道。杉の大木に守られて。石を敷いた階段は、わらじに歩きやすく造られているそう。

厳かに、ひっそりと奥にたたずむ神々の住む場所

19世紀初頭に造営された社殿は、独特の熊野造り。檜皮葺（ひわだぶき）の屋根がおごそか。

熊野本宮大社

田辺市本宮町、熊野川中流の山あいに鎮座。那智大社、速玉大社とともに、全国3000社余りの熊野神社の総本社です。

熊野三山を巡る熊野古道

半島の先端に位置する熊野三山は、自然崇拝、山岳信仰に始まり、神仏習合の一大霊場として栄えた地です。熊野の「熊」は「隈」に通じるといいます。すなわち奥まったところ、隠れたところの意味があり、神様がお隠れになっている聖なる地と信じられました。熊野は神の野、つまり神々の住む場所だったのです。

当初は修行の場でしたが、平安時代になると都から貴族たちがさかんに参詣。やがて武士に広まり、熊野詣(もうで)は庶民の間へと広がっていきます。神の野を歩くことで、現世のけがれを落とせると人々は信じたのです。参詣者が列をなす風景は「蟻の熊野詣」といわれました。

熊野三山は、熊野本宮大社、熊野速玉(はやたま)大社、熊野那智大社からなります。それ

紀伊半島東岸の熊野灘に面する新宮市、熊野川の河口近くに鎮座。鮮やかな朱塗りの社殿が迎えてくれます。

らを結ぶ参詣道が、熊野古道。大きな開発の波に呑み込まれることなく、地元の人の手で修復されながら、昔のままに守られている道が少なくありません。同時に、人が長年手入れをして守り継いできた杉林や棚田といった景観が、世界遺産として日本で最初に認められたのもここなのです。

まずは和歌山県南部、田辺市の熊野本宮大社へ向かいましょう。都人（みやこびと）は、紀伊半島の西岸を南下し、田辺から山中へ入って東へ進み、熊野本宮大社、熊野速玉大社、熊野那智大社の順に巡ったといいます。この中辺路（なかへち）が、いくつかある熊野古道の中でももっともポピュラーなルート。険しい道ではありますが、自ら歩いてこそ救われたのが熊野詣でした。

無数の参詣者らに踏み固められてきた祈りの道は、いまも清浄な空気に満ちています。

memo

古道のおもてなし

熊野古道を歩いていると、地元の人がみかんをくれたり、思わぬ親切に遭遇することがあるかもしれません。これは昔からの風習で、参詣する人に親切にすると功徳があると言い伝えられています。

神倉神社

速玉大社から徒歩20分ほどの摂社、神倉神社。急な石段を上ると、神が降り立った巨岩が。

第二章の世界自然遺産

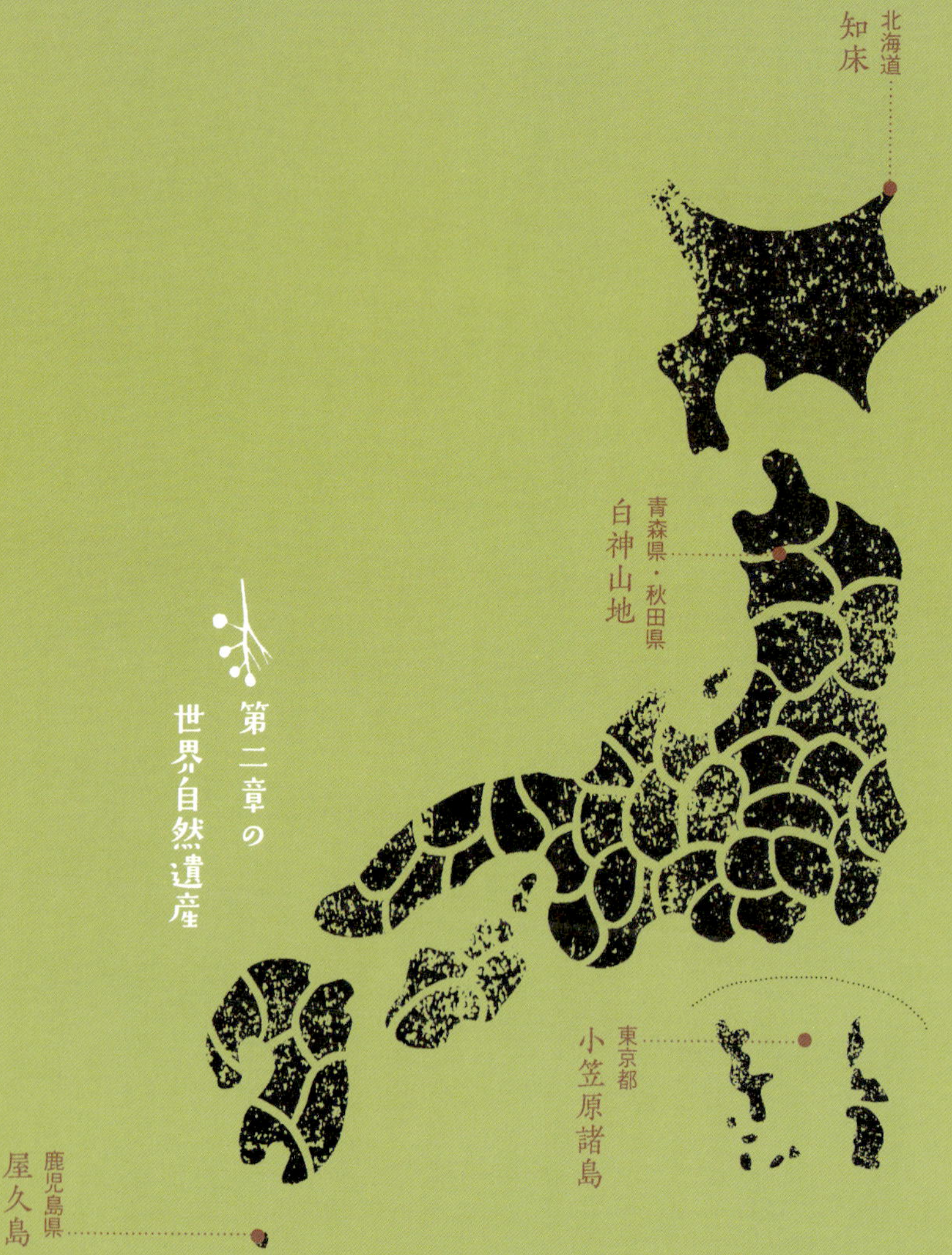
北海道
知床
青森県・秋田県
白神山地
東京都
小笠原諸島
鹿児島県
屋久島

第二章 自然遺産

自然が織りなす雄大な景勝

Natural Sites
Magnificent Scenes with Veritable Tapestries of Nature

日本の地形や風土によって育まれた自然遺産は４つ。人を寄せ付けぬ自然本来の場所だからこそ、遺されたとも言えるのです。環境問題が深刻ないま、改めて見つめましょう。

There are four natural heritage sites nurtured by the topographic and natural features of Japan. You could say that the very fact that these natural settings have gone untouched by human beings means they were bequeathed to us. As environmental problems grow more grave today, these sites should be given a fresh look.

知床五湖

知床

流氷が豊かにする海と陸

北海道斜里町・羅臼町

アイヌの伝説によれば、神が手をついた時の指の跡が5つの湖になったとか。鏡のような湖面に知床連山の峰々が並びます。

希少な動植物の宝庫

濃い霧が晴れると、海から立ち上がる黒々とした断崖が見えてきました。えぐられたような絶壁は、流氷のしわざ。人を拒むこの大地を、アイヌの人々は「シリエトク（地の果て）」と呼びました。

日本最北東端、オホーツク海と太平洋が交わる洋上に延びた知床半島。1000mを超える山々が貫く半島と、沿岸3㎞の海域が世界自然遺産になっています。急峻な地形は多様な植物を育み、オジロワシやシマフクロウなど、世界的にも希少な動物が多数生息しています。

自然が豊かなのは、森林から海域まで連続して生態系が成り立っていて、海と陸が隔てられることなくエネルギーが循環しているから。森の栄養分が海を豊かにし、また陸の生態系も海の恩恵を受けているといいます。

この知床の自然に大きな影響を与えているのが、流氷です。ロシアと中国の境を流れる大河、アムール川の水で薄められた海水が、冬になると凍って南下してくるのです。沿岸を氷で覆い尽くすやっかいものですが、流氷は大陸から集めてきた豊富な栄養分も運んできます。

春になり氷が溶けだすと大量のプランクトンが発生し、それを魚が食べ、魚をアザラシやトドなど海獣が食べるというわけです。川に帰ってくるサケやマスも、ヒグマたちの格好のエサに。太古の昔からの不思議な自然の営みが、次々に命をつないで、この最果ての地を豊かにしているのです。

カムイワッカの滝

半島北岸、切り立った断崖から温泉が流れ落ちます。冬はオオワシ、夏はヒグマの親子の姿も。

野生動物たちの聖域

海の上から観光船で半島を眺めた後は陸に上がり、知床五湖へ。天上の庭を思わせる澄みきった風景は、一瞬目がくらむほど。森の中では、トドマツやミズナラの木立の中に雪解け水が渓流を作り、真っ白な水芭蕉が点々と顔を出しています。

知床は、世界屈指の密度といわれるヒグマの生息地。幸いにも遭遇することはありませんでしたが、その気配は十分すぎるほどに感じられました。

厳寒の地でたくましく生きてきた動物たち。過酷な自然環境ゆえに人の手から守られてきた知床は、野生動物本来の姿が残された聖域といえるかもしれません。

5つの湖を巡る知床五湖の遊歩道では、手つかずの森や野生動物の息づかいを感じられます。

クマ除けの電線で守られた高架木道では、気軽な散策も。

memo

ヒグマに注意！

地上の遊歩道は、春から夏のヒグマ活動期は、登録ガイドの同行なしには歩けません。ガイドツアーに申し込み、ヒグマ遭遇時のレクチャーを受けることが必要。こんな体験ができるのも知床ならでは。

流氷のエネルギーを物語る半島北岸の奇岩怪岩。海鳥たちの格好の繁殖地でもあります。

草を食むエゾシカたちの姿もそこここに。

海から半島を遊覧する観光船は、斜里町ウトロから。

オシンコシンの滝

岩肌に広がって流れ落ちる迫力満点の滝。ウトロと斜里町中心部の間にある、日本の滝百選の一つです。

多様な生命を宿す
原始の大自然と
偉大な海の恩恵

例年1月から3月には流氷が押し寄せ、見渡す限りの氷原に。網走市内の天都山からは、海の向こうに知床半島が望めます。

自然遺産

白神山地

8000年続く生態系

青森県・秋田県

ブナの林

西目屋村の「暗門の滝」周辺には散策道などが設けられ、ブナの林が広がる緩衝地域内を歩くことができます。

幾世紀を
継ぎ生きる
原生林が語るもの

世界最大のブナの森

青森県南西部と秋田県北西部にまたがる白神山地。ここには縄文時代草創期からの生態系が変わらずに維持され、原生に近い世界最大のブナの森が広がっています。

世界遺産になっているのは、その中心部。全体の４分の３を青森県が占めています。いまだ登山道すらほとんどない核心地域の入山は厳しく制限され、周りには規制を和らげた緩衝地域が設けられています。代表的な玄関口は、弘前市街から車で約30分の岩木山のふもと、西目屋村です。

成長が遅く、建材には向かないブナの木は、家具材やリンゴの木箱、チップ材などになり、また薪や炭に利用されてきました。その森の多くが失われてきましたが、白神山地では大規模な森の姿を見ることができます。

標高１０００ｍ前後の山々が連なる地形は複雑で地質は脆く、豪雪と数多くの急峻な谷や沢によって、開発から守られてきたのです。約８０００年前の誕生以来、世代交代をゆっくりと繰り返しながら、ほぼそのままの生態系が保たれてきました。

ブナの実は動物たちを養い、大量の葉は腐葉土となって豊富な雪どけ水や雨を蓄え、倒木はキノコを育てます。森はクマゲラやイヌワシといった貴重な生き物の宝庫となり、遺伝子の貯蔵庫ともいわれます。

この広大な世界遺産全域に、古来分け入ってきたのが、山での狩猟採集をなりわいとしてきたマタギでした。山の恵みを受けながら、畏れと感謝を持って山とともに生きてきた人々です。

ブナの芽

4月半ば、西目屋村からブナ林に入ると、まだ深い雪の中。でも、雪の上には見慣れないけものたちの足跡が点々と。堅いうろこ状の葉に守られたブナの芽は、動物たちの貴重な栄養源なのです。ガイドの案内で歩くのがおすすめ。

多様な動植物を育んできたブナの木。幹にはツキノワグマの爪あとも。

雪の重みでしなったり、また復活したり。木の物語も見えるよう。

十二湖

白神山地の世界遺産エリアから北西、深浦町にある湖沼群。その一つ青池は、ブナ林の中に神秘的な湖水をたたえています。

日本海沿岸の深浦町から見た白神山地。海まで森が迫っています。

ブナの寿命は200年余りですが、樹齢約400年といわれる巨木、マザーツリーも。

樹齢100年を超えると、ブナの木肌は、地衣類に覆われていきます。

山の神から授かった
〝森の思想〟を
また次の世代へ

暗門川

広大な森の奥深くで
育まれる豊かな水は、
やがて津軽の大地を
潤して。

マタギの作法

マタギは山菜やキノコ、川魚や動物で主たる生計を立て、その傍ら畑で雑穀を育て、炭焼きなどもして暮らしてきたといいます。西目屋村のマタギは、藩政時代には国境警備なども務め、藩のお抱え猟師でもあったとか。

マタギの伝統的狩猟は春グマ猟ですが、猟期は限られ、他の動物でも繁殖期には手を出さず、山菜やキノコも根絶やしにはしません。水を汚さず、踏み跡も付けないように、歩き方にも細心の注意を払います。自然と末永く共生していくための作法です。

すべての恵みは、山の神様からの授かりもの。自分だけのものではなく、次の世代の人のものでもあり、また人間だけのものではない。そんな思想が根本にあるのです。

自然と深く調和しながら生きてきた人々。けれど白神山地が世界遺産になって、いまは緩衝地域で細々と狩猟採集をせざるを得なくなったといいます。マタギの活動範囲の大部分を占める核心地域が、全面禁猟（漁）になったためです。

文字のない時代から私たちの祖先が培ってきた森の思想。私たちはそれを知る手がかりを失いつつあるのかもしれません。

memo

白神の森の恵み

白神山地の清流で養殖されるイトウは、川のトロと言われる名物。白神山地を源流とする赤石川は、香り高い「金アユ」で知られます。山の豊富な養分が注ぎ込む日本海でも、おいしい魚が育ちます。

自然遺産

ぽっかり浮かんだ聖域

小笠原諸島

東京都小笠原村

父島の中央山から見渡す原生の森。沖縄とほぼ同緯度ながら乾燥した父島には、世界的にも珍しい乾性低木林が広がります。

独自の生態系が
ここに息づき、
いまにいたる

南島の砂浜には、1000～
2000年前に絶滅したという
固有種、ヒロベソカタマイマイ
の半化石が散乱しています。

孤島で進化した生き物たち

東京を離れて25時間半。ようやく船の外に見えてきたのは、洋上に突き出すなんともキッカイな島影でした。けれど父島に上陸すると、そこは暖かな緑の風と澄みきった海の中にありました。

東京都小笠原村は、東京から南に約1000㎞の太平洋上にあります。大小30余りの島々から成り、現在、人が住むのは最大の父島と母島のみ。およそ2500人が暮らしています。

この島では、なぜかスズメもカラスも見かけません。というのも小笠原諸島は、広い海の真ん中に生まれ、大陸と一度も陸続きになったことがない孤独な「海洋島」だから。海洋島の特徴は、生き物の種類がとても少ないことなのです。風や海流などに乗って海を越えてきた、限られた生き物だけが住み着いています。しかも小笠原のように、長く人の手が入ることのなかった島は、世界でも珍しいそうです。

数少ない生き物たちは、島の環境に適応しながら進化を続け、固有の種となり、独自の生態系を作り上げてきました。一日で散ってしまうテリハハマボウの花や、タコのように何本もの足で立つタコノキ。ここにしか見られない鳥やカタツムリといった珍しい動植物たち。

この島にはそんな貴重な自然に触れる、さまざまなガイドツアーが用意されています。

memo

島の暮らし

小笠原村の生活は、東京から6日に一便の定期船「おがさわら丸」とともにあります。旅行者は最低でも島に3泊することに。そのため入港中4日働き、出港中2日休むという島の人も多いとか。

周囲約52㎞、千代田区の2倍余りの広さ。東京からの船が入港する、小笠原諸島の玄関口です。対岸に眺めるのは兄島。

美しいサンゴ礁の海岸が多く、夏にはアオウミガメも産卵に訪れます。

冬から春にかけては、ザトウクジラの姿も。

ホエールウオッチング

手つかずの自然を守る

島の生き物たちは、海の向こうからやってくる外敵には無防備で弱く、いちばんの脅威は、人間によって運ばれてくるさまざまな外来種だそうです。

そこで小笠原では自然観察の自主ルールを設けるなどして、貴重な自然に負荷をかけないよう、さまざまな取り組みを行っています。

たとえば、手つかずの自然が守られている父島中央部のサンクチュアリ（森林生態系保護地域）。ここでは、野ネコなどの外来生物から、絶滅危惧種や固有種の動植物が守られています。

高いフェンスに囲まれたサンクチュアリ

の中には、靴底に付いた土などを入念に落としてから入ります。うっそうとした森の中。天を仰げば、恐竜時代の生き残りのような巨大な木生シダが葉を広げています。一粒の種がこの島にたどり着いてから、いったいどれだけの時が流れたのでしょう。いまだ進化の過程にある多種多様な植物たちは、たくましくこの小さな洋上の孤島を謳歌しているのでした。

　小笠原諸島は、自然と人間がどう関わっていくべきなのか、そんな実験をしている場所でもあるのです。

固有種

タコノキ（右）やテリハハマボウ（左）など、小笠原でしか見られない動植物が豊富。

サンクチュアリ

絶滅が危惧されるアカガシラカラスバトを保護しています。中に入るには認定ガイドの同行が必要。

別の星に降り立ったような、父島沖合の無人島。一日60人の入島制限が設けられ、冬場は植生回復のため入島禁止に。

太古の昔そのままに
ここだけの時間が
流れているよう

屋久島

豊かなる山と森と海と

鹿児島県屋久島町

洋上の大いなる森

屋久島は、鹿児島県沖に浮かぶ周囲約１３２㎞の島。海から一気に２０００ｍ近くまで駆け上がり、中央には九州最高峰の宮之浦岳をはじめ、１０００ｍ以上の山々が連なります。

海からの水蒸気は、この山々にぶつかって大量の雨を降らせます。「月のうち、35日は雨が降る」などともいわれ、豊かな森を育みました。この島では亜熱帯から亜寒帯までの植物が標高に従って分布しています。標高１０００ｍ前後の場所には、「縄文杉」をはじめ樹齢１０００年を超えるヤクスギが見られます。島では５００年ほど前から木材として利用されてきました。

いまだ島に残された照葉樹林は、世界最大規模。とくに海岸から山の頂まで連続して照葉樹林が残されているのは、世界中でもここだけなのです。

雨という恵みが
もたらした
この島の姿かたち

ヤクスギ

屋久島に自生する、樹齢1000年以上のスギ。普通のスギに比べて成長が非常に遅く、緻密で腐りにくい性質を持っています。

白谷雲水峡

標高約600mにある苔の森と渓流が美しい自然休養林。映画『もののけ姫』の舞台イメージとも。

太古からの静寂

昼なお暗い森の中の散策路へ足を踏み入れると、折り重なった倒木に、地を這う無数の木の根。空気までもが緑色をしているようです。そこはいまだ原始の面影をとどめた森でした。

横たわる大木の上に敷かれたフカフカの苔の絨毯（じゅうたん）。顔を近づけてみると、しっとりと水を含んだその中には新しいスギの芽が顔を出し、色とりどりの草が競うように伸びています。

屋久島の魅力は、種の多様性があること。日本に生息する植物のおよそ3分の1

が、この島には凝縮されているそうです。と、ふいに目の前を大きなサルが横切っていきました。木漏れ日の射す茂みでは、母鹿が小鹿の毛づくろいをしています。
人が生活しながらこれだけの森と共存してきたことに、この島の真価はあるのです。

memo

屋久島の水

島いちばんのごちそうは、清らかな水。深い森をくぐり抜けてきた超軟水は、実にまろやか。この水を使って、昔ながらの製法で仕込まれる芋焼酎もまた美味。香りふくよか、口あたりやわらかです。

木という木にぴっしりと貼り付いたやわらかな苔。絶えず清らかな水に洗われています。

ヤクスギランド

標高約1000mにある観賞林。ヤクスギの森を手軽に見学することができます。

ときにはヤクザルやヤクシカに出会えるかも。ガイドと一緒に歩くエコツアーがおすすめ。

島の西側一帯はガジュマルなど亜熱帯の樹林に覆いつくされ、日本とは思えない景観。

海辺はうってかわって南国の雰囲気。亜熱帯のカラフルな花や植物も。

大川（おおこ）の滝

野生をむき出しにした大川の滝。滝壺のすさまじい風圧で立っていられないほど。

ウミガメも来る浜へ

山を下りると、さっきまでのうっそうとした森が嘘のように、岩礁と明るい海が広がっていました。そう、屋久島は海に囲まれた島。海岸線沿いの道を車で走れば、およそ3時間で島を1周できます。

空港や町のある島の東側から時計回りに進むと、あたりは密林を思わせる風景に。モコモコした濃い緑の樹林が、海から山の頂までの斜面を隙間なく覆い尽くし、人家はおろか鉄塔も電線も見当たりません。

さらに西へ進めば、いよいよ最果ての雰囲気が漂い、東シナ海に面した無人地帯に。原生林の中を走る西部林道を抜けると、いつしか明るい大海原が広がっていました。そこは島の北西部、永田浜。ウミガメも産卵にやって来る白砂の浜です。

山、森、海。奇跡のようなありのままの自然の表情、それがこの島の魅力なのです。

800mほどの美しい砂浜が続く永田浜。世界遺産からは外れますが、ラムサール条約に登録され、ウミガメの日本一の産卵地にもなっています。

なるほど The Heritage! ②

日本の世界遺産候補

世界遺産登録には、まず世界遺産条約締結国の「国内暫定リスト」への記載が必要となります。これは簡単にいえば、推薦待ち候補リストのこと。2015年4月現在、日本では次の文化遺産11件（※）がリストに挙がっています。そのうち「明治日本の産業革命遺産　九州・山口と関連地域」は2015年6月に、「長崎の教会群とキリスト教関連遺産」と「国立西洋美術館本館」の2件は2016年に、ユネスコ世界遺産委員会で登録可否の審議が予定されています。

※11件のうち1件は「平泉の文化遺産」の拡張申請。

明治日本の産業革命遺産 九州・山口と関連地域

（九州・山口を中心に8県＝福岡・佐賀・長崎・熊本・鹿児島・山口・岩手・静岡）

造船、製鉄・製鋼、石炭産業などの重工業が、極めて短期間に近代化を遂げた道程を時間軸に沿って示す8県11市に分布する23資産。（写真＝鹿児島県）

長崎の教会群とキリスト教関連遺産（長崎）

キリスト教の伝来・普及・弾圧・奇跡の復活と、世界に類を見ない信仰の歴史を物語り、建築物としての価値も高い。（写真＝濱本政春）

百舌鳥(もず)・古市古墳群
(大阪)

約1500年前の社会構成をも示す大型古墳群。百舌鳥地区は仁徳天皇陵古墳(写真)を含む44基、古市地区には45基の古墳が現存。(写真=堺市)

「神宿る島」宗像・沖ノ島と関連遺産群(福岡)

4世紀からの古代祭祀の様子を伝える遺跡が奇跡的に守り伝えられ、日本固有の自然崇拝の原形をとどめる。(写真=宗像大社)

古都鎌倉の寺院・神社ほか
(神奈川)

日本史上初の本格武家政権都市。武家文化を偲ばせる文化遺産がまとまって残っていることから、再推薦を目指す。
(写真=鎌倉市観光協会)

国立西洋美術館本館＊
(東京)

正式名称は「ル・コルビュジエの建築作品－近代建築運動への顕著な貢献－」。日本を含む7ヵ国17ヵ所の建築群のひとつ。
(写真=国立西洋美術館)

彦根城
(滋賀)

1604年築城開始、1622年に城下町等も整う。庭園や城下町とともに当時の姿を今に。姫路城との特徴の違いの明確化が登録の鍵。(写真=彦根市教育委員会)

北海道・北東北の縄文遺跡群
(北海道・青森・秋田・岩手)

狩猟・漁撈(ぎょろう)・採集を主とした定住生活が約1万年にも渡り日本列島で継続していたことを示す遺跡群。三内丸山遺跡(写真)など。
(写真=青森県教育庁文化財保護課)

飛鳥・藤原の宮都と関連資産群(奈良)

石舞台古墳(写真)や高松塚古墳などの古墳、宮殿跡や遺跡など、飛鳥時代に栄えた都市の貴重な遺構の数々が点在。
(写真=明日香村教育委員会)

金を中心とする佐渡鉱山の遺産群(新潟)

多様な鉱山技術で江戸幕府の財政を支え、約400年間金を産出し続けた鉱山。「道遊の割戸」(写真)は江戸時代から鉱山の象徴。
(写真=西山芳一)

＊国立西洋美術館
東京都台東区上野公園7-7
開館時間　9:30～17:30
(冬期は～17:00)、金曜日は～20:00
※入館は閉館の30分前まで
休館日　月曜日(休日の場合は翌火曜日)、年末年始
http://www.nmwa.go.jp/

第三章の世界文化遺産

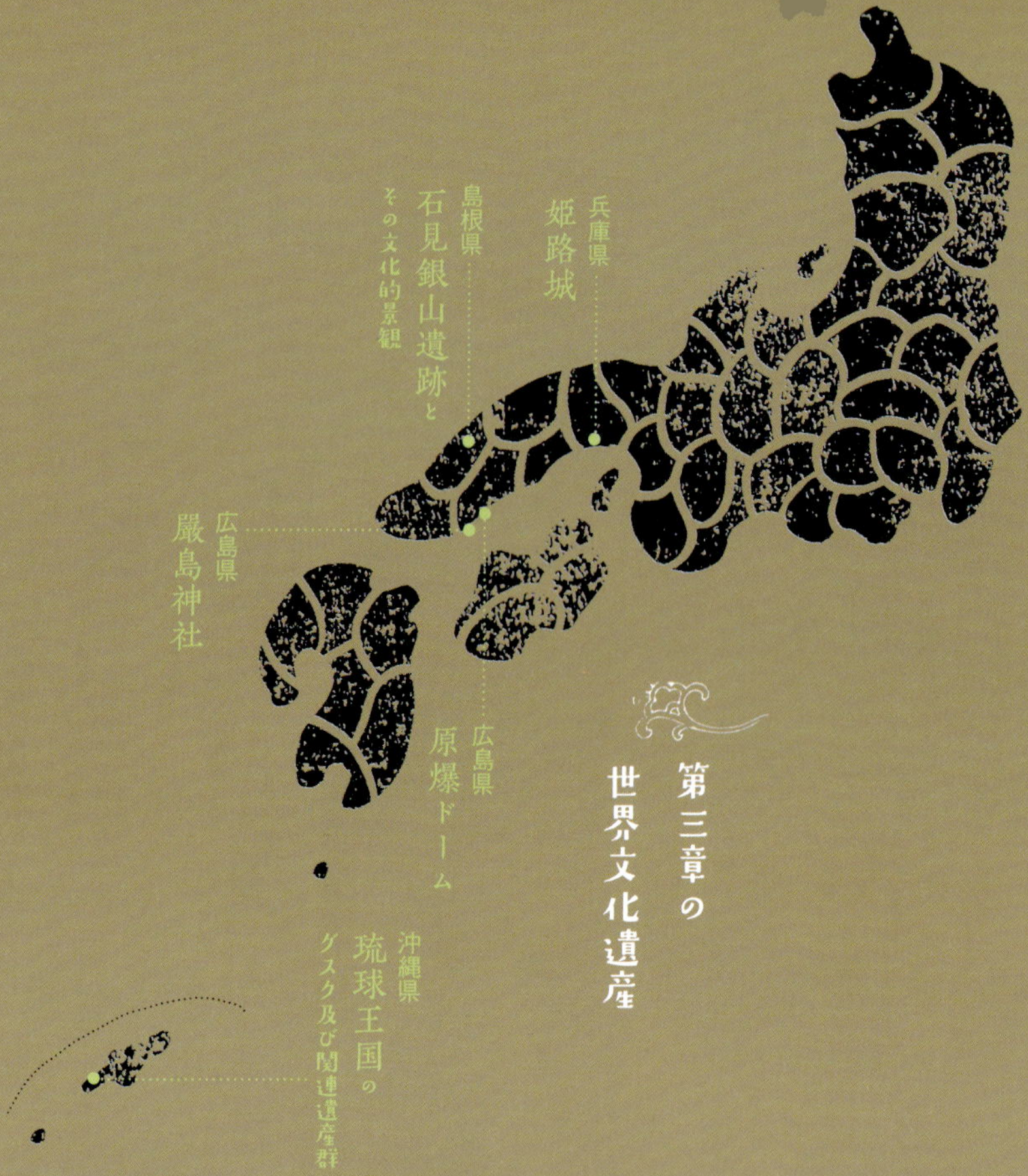
兵庫県
姫路城
島根県
石見銀山遺跡とその文化的景観
広島県
原爆ドーム
広島県
嚴島神社
沖縄県
琉球王国のグスク及び関連遺産群

第三章 文化遺産 二

後世に引き継ぐべきもの

Cultural Sites 2
Assets to Be Passed Down to Future Generations

近年に大修復を終えた姫路城のように、保全工事や改修などの維持活動はとても大切なこと。後世に生きる私たちは、次世代へ日本の歴史的建造物を遺す使命があるのです。

Preservation activities such as maintenance projects and rebuilding like the major restoration project completed in recent years at Himeji Castle are extremely important. It is the duty of those of us who have come after the people who created them to bequeth Japan's glittering achievements to future generations.

姫路城

日本の城を代表する遺構

兵庫県姫路市

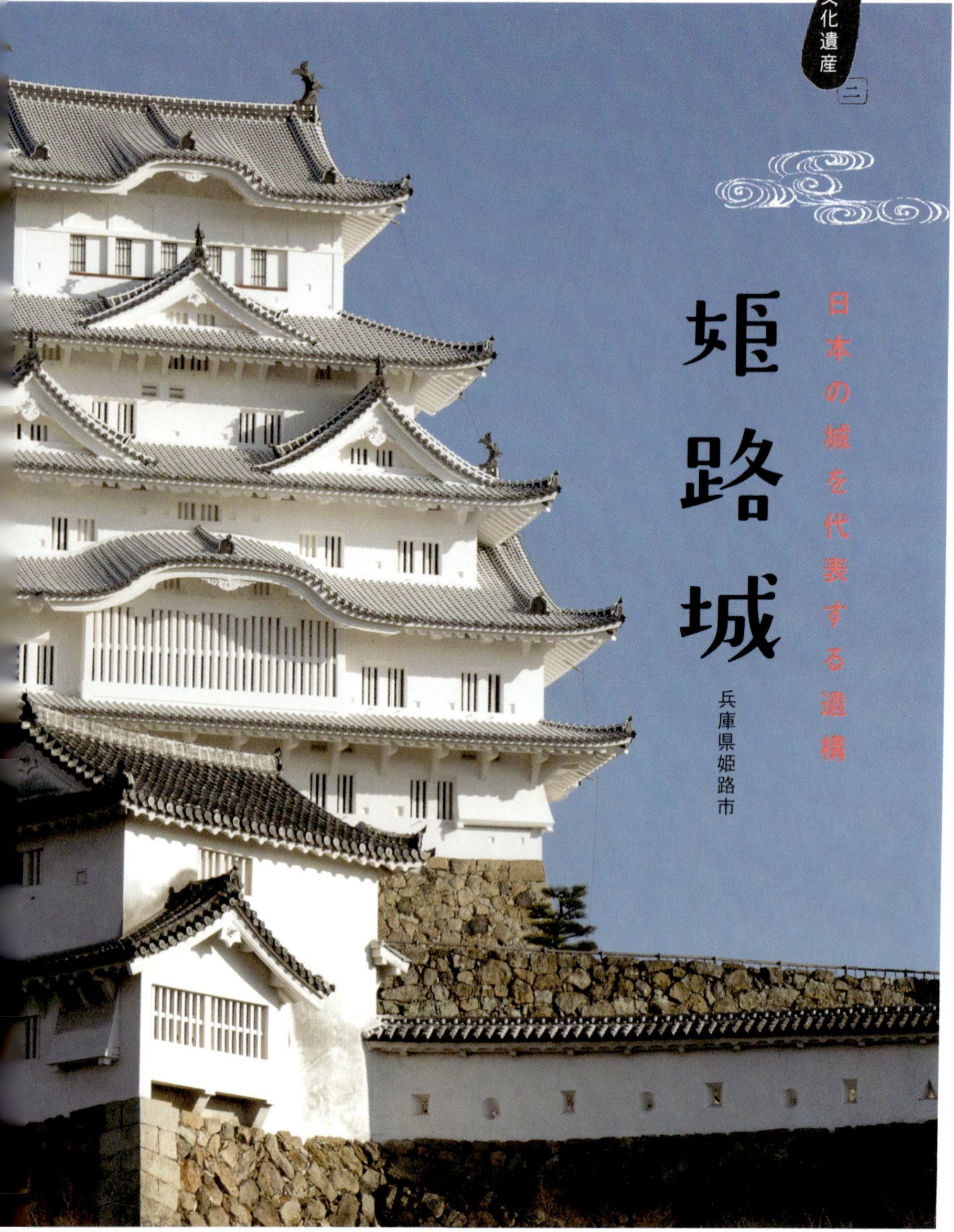

力強く、しなやか
天を舞う白鷺と称される
品格あふれる純白の漆喰

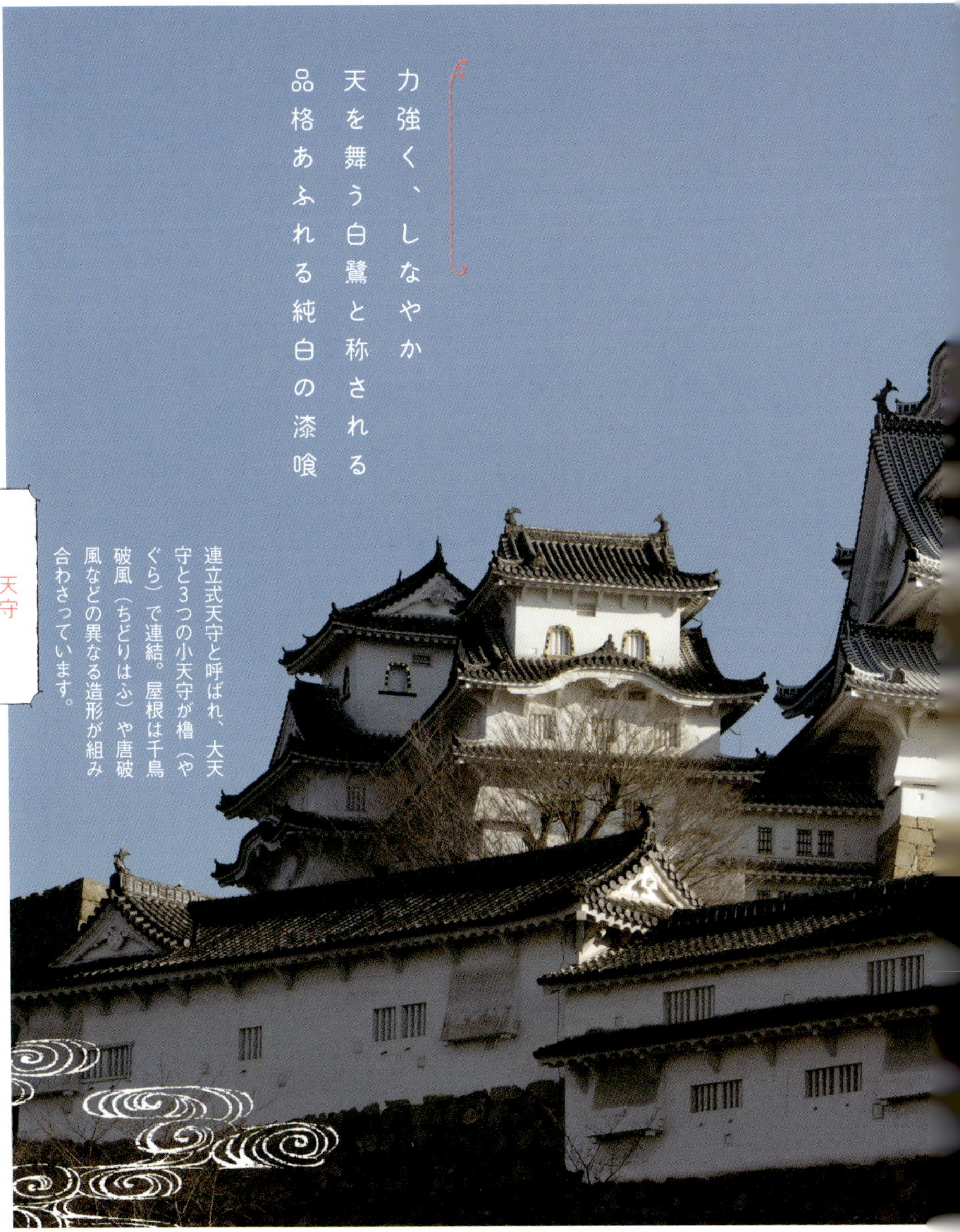

天守

連立式天守と呼ばれ、大天守と3つの小天守が櫓（やぐら）で連結。屋根は千鳥破風（ちどりはふ）や唐破風などの異なる造形が組み合わさっています。

保存修理を経て、真新しい姿に

石垣による高さのある城壁、土壁をめぐらせた外側の城郭、そして天守をはじめとした木造の建物群。そんな日本独自の様式美を併せ持つ城が、各領地に出現し始めたのは16世紀のこと。なかでも、1610年に完成した現在の姿の姫路城は、白鷺（しらさぎ）城とも讃えられる美しさを誇る代表的な日本の城です。

この名城は、約9年もの歳月と25万人もの労働力を要した昭和の大修理（昭和三十九〈1964〉年完了）から51年経った2015年の春、大天守保存修理が完了したばかり。瓦を全面葺き直した屋根、漆喰を塗り直した壁面などの修理が行われ、その間、大天守に登ることが叶わなかったため、完了を待ち望んだ多くの人たちで賑わいを見せています。

この度の保存修理では、大天守の屋根瓦や軒裏、漆喰塗などを修復。遠くからも、近くからでもその白さが際立ちます。

では、あらためてその姿を鑑賞しましょう。高さ30mの大天守は、外から眺めると5層のように見えますが、なかは地下1階をふくむ7階建てで、最も高い石垣は23mもあります。狭間（さま）と呼ばれる城の側面の穴を見てみると、丸や三角、四角の穴が空いています。これは、侵入してきた敵を矢などで攻撃するためのものです。また、秘密の抜け穴があるとも伝えられますが、残念ながら今のところ見つかっていません。

memo

白鷺の所以は？

白鷺の愛称は、そのたたずまいが白鷺が飛んでいる姿に見えるから、という説が一般的です。でも、その場所が以前は鷺山と呼ばれていたから、昔ゴイサギが多く生息していたからなど諸説があります。

狭間

長方形の穴は弓矢、丸や三角形は鉄砲用の穴とも。姫路城では以前には3000以上もの狭間があったといわれています。

桜門橋

発掘調査で見つかった遺構を活かし、江戸時代の木橋を意識したデザイン。

豊臣秀吉と徳川家康の先見

姫路城のルーツは１３４６年に武将・赤松貞範（さだのり）が、それまでの砦を本格的な城につくり変えたことに遡ります。その後、城主は何代も替わって戦国時代に入り、かの豊臣秀吉が地理的な優位性に目をつけます。１５８０年、3層の天守にするなど規模を拡大し、中国地方を攻めるための拠点としました。その後、１５８２年の本能寺の変を受けて明智光秀を討ち、天下統一へと邁進してゆきます。

秀吉亡き後、姫路城の存在に注目したのが徳川家康です。この地は、大坂（大阪）と中国地方を結ぶ絶好のポイント。西日本の大名に睨みを効かせるのに好都合と考えた家康は、信頼を置く池田輝政を入城させます。後に姫路宰相と称された輝政こそが、10年以上かけて大規模な改修を行い、現在の姫路城の姿をつくった立役者です。

城はもともと戦（いくさ）の拠点であったわけですが、戦国時代の終わりとともに、領主の住居や政治を司る場所としての役割に移行してゆきました。

文化遺産 三

石見銀山遺跡とその文化的景観

島根県大田市

江戸幕府を支えた鉱脈

町並み

石見銀山遺跡の中心部、大森町の町並み地区。通りには代官所跡や旧裁判所など、江戸から戦前までの建物が立ち並びます。明治初期には島根県庁もありました。

清水谷製錬所跡

銀山地区の山中に残る明治の製錬所跡。最新の製錬技術を取り入れた大規模なものでした。

シルバーラッシュに沸いた町

白い壁に木の格子戸。この地方特産の明るい茶色の石州瓦を乗せた家々が、細くゆるやかに曲がった道の両脇に軒を連ねていました。水路を流れる山の水の音。なにもかもが懐かしくて足取りもゆっくりに。

島根県の中央部、大田市大森町を中心に広がる石見銀山遺跡。江戸時代は幕府の直轄地となり、江戸幕府を支える財源となりました。いまも数多くの坑道と、江戸時代の面影を偲ばせる町並みが約１kmにわたって残っています。

日本有数の鉱山、石見銀山の開発が始まったのは16世紀前半。以来、大正12年に閉山するまで、約４００年にわたって採掘されました。当時最新の精製技術を取り入れて生産量は飛躍的に伸び、日本の工業技術発祥の地ともいわれています。

銀の道は世界へ続いた

銀は日本海に運ばれ、海外に積み出されていきました。17世紀前半の日本の銀産出量は、世界の3分の1を占めていたといわれます。そのかなりの部分が、ここ石見銀山のものだったそうです。

世界遺産は大森町のほか、銀の積み出し港として栄えた日本海沿岸の温泉津（ゆのつ）や鞆ケ浦（ともがうら）、銀山とそれらの港をつなぐ銀山街道など、広範囲にわたっています。とくに評価されたのは、自然と共存する産業遺跡であるところ。いまも豊かな山林の中に遺跡が残っています。

石見銀山は全盛期には20万の人で賑わったそう。幕府から定期的に代官が派遣される町は、江戸の流行や文化にも近しく、自由な気風があったといいます。大きな特徴は、身分の異なる武士と町民が仲良く平和に暮らしていたこと。遺跡の中心部「町並み地区」を歩けば、武家屋敷と町家が混在しているのがわかります。坑内で働く人も、宝を掘り出す人として大切にされていました。鉱山には、全国からさまざまな技術を持った人が集まっていたそうです。

羅漢寺

銀山で亡くなった人々の供養のため、岩窟の中に五百羅漢が安置されています。

銀を求めて
ノミを打つ響きが
聞こえてきそうな

龍源寺間歩（まぶ）

一般公開されている江戸時代前期の大坑道。天井が低く、壁には一面に生々しいノミ跡が。掘り進んだのは、一昼夜にわずか30㎝ほどだったそうです。

いまも残る間歩

町並みが途切れると、そこからはいよいよ銀生産の中心地「銀山地区」。川沿いの遊歩道を歩いていくと、薄暗い杉木立の中に、小さな洞窟のような黒い穴が口を開けていました。前に立つと、噴き出してくるひんやりした風。いまも残る間歩の入り口です。「間歩」とは坑道のこと。石見銀山には、600以上もの間歩が確認されているといいます。

銀山閉山後、町の人口は減りましたが、建物は残りました。町では、傷んだ建物を、建てられた当初の姿に復元修理しています。それぞれの時代の様式に合わせ、当時の工法で。町の中は車の乗り入れも規制され、のんびり歩くことができます。こうしてかつての銀の町は、奇跡のように古き良き町並みをとどめているのです。

観世音寺

町並み地区の真ん中、小高い岩山の上には、銀山の繁盛を祈願した観世音寺が。ここから町並みが見渡せます。

memo

世界遺産の温泉街

温泉津は文字通り温泉のある港町。細い道に木造旅館が軒を連ねる、懐かしいたたずまいの温泉街です。1300年の歴史を持つ「元湯」と、昭和モダンなおもむきの「薬師湯」2軒の共同浴場があります。

文化遺産 二

原爆ドーム

悲劇を繰り返さないために

広島県広島市

繁栄の象徴から、過ちの象徴に

崇めるべきものが圧倒的に多い世界遺産ですが、人間の酷悪を正視し、戒めとするための「負の遺産」があることも忘れてはなりません。原爆ドームはそのひとつです。

1945年8月6日午前8時15分、米国軍のB29爆撃機は人類史上初めて広島市内に原子爆弾を投下。相生橋を狙った爆弾は、音速をはるかに超える猛烈な爆風、3000度以上の熱、そして放射線を

これまでの保存工事費の多くは寄付により賄われ、平成2年より現在は広島市原爆ドーム保存事業基金を設置。

放ち、想像を絶する凄まじさで街に襲いかかりました。爆心地から半径2㎞の建物は一瞬にして吹き飛び、人間も生き物も形跡をとどめないほど。1945年12月末までに約14万人の命を奪いました。

原爆ドームは、本来、チェコの建築家ヤン・レツルが設計し、1915年に完成した5階建て煉瓦造りの「広島県産業奨励館」でした。西洋的な優雅な佇まいは、近代工業が発展しつつあった当時の広島の繁栄を示す象徴であり、市民の誇りでした。爆心地から160mのところにあったにもかかわらず、全壊を免れ、ドーム部分などが残ったのは、爆風を横からではなく真上から受けたこと、窓が多かったことなどいくつかの条件が重なったからといわれています。

終戦後もしばらく無惨な姿のままさらされていたこの残骸を、いつしか市民は「原爆ドーム」と呼ぶようになりました。

1955年、爆心地近くに完成した平和記念公園。原爆死没者慰霊碑（右）や「嵐の中の母子像」（下）など多数のモニュメントが。

memo

広島平和記念資料館

平和記念公園内にあり、原爆投下前後の歴史にまつわるものや被爆時の遺品など、さまざまな資料を展示し、原爆被害の惨状を伝える資料館。丹下健三による設計。年間来館者は約138万人、うち外国人は約20万人。

8月6日

毎年8月6日には元安川で「ピースメッセージとうろう流し」が開催され、約1万個の灯籠が流されます。

大戦の記憶が
薄れつつある今こそ
平和の尊さを胸に

世界の恒久平和を日本から

　保存か解体か結論が出ないまま月日の経過した1960年、人々は保存の方向へ大きく動きました。きっかけは、1歳で被爆し、16歳で亡くなった楮山（かじやま）ヒロ子さんの日記の一節「あの痛々しい産業奨励館だけが、いつまでも恐るべき原爆のことを世に訴えてくれるのだろうか」。そして、1966年、ついに広島市は保存を決めました。

　30年後の1996年、日本は原爆ドームを世界遺産に推薦。しかし、世界遺産委員国21ヵ国のうち、原爆投下の当事国アメリカは難色を示し、中国は賛否保留。それでも、「戦争の遺産ではなく、平和のモニュメントに」という日本の主張が受け入れられ、登録が決定しました。年々外国人訪問者も増えている昨今、恒久平和の拠点として、いっそうの役割が期待されています。

広島県産業奨励館

原爆投下前の広島県産業奨励館。和洋2種類の庭もあり、西洋庭園の噴水跡は今も見られます。写真は20世紀初頭。（写真＝広島平和記念資料館）

文化遺産 二

嚴島神社

神の宿る島

広島県廿日市市

本社から108m先の海中に青に朱を厳かに配し立つ大鳥居。宮島のシンボルです。

平安の面影に包まれる

瀬戸内海、広島県廿日市市の宮島は「安芸の宮島」と称される日本三景の1つ。周囲は約30㎞。その入江に、まるで海上に浮かぶように朱の色彩を放つ社殿を構えているのが嚴島神社です。海の中に立つ朱く塗られた大鳥居が、ひときわ目を引きます。

標高535mの弥山を中央に抱く宮島は、古代からまるごとご神体として崇められ、神を「斎き祀る島」から「嚴島」の呼称に転じたとのこと。社伝によれば神社の創建は推古天皇が即位した593年。地の豪族の佐伯鞍職が最初の神主として造営にあたり、「神宿る島」であるため、山を切り開くことは畏れ多いと波打ち際に拝所を設けたということです。806（大同元）年には唐から帰朝した弘法大師空海が立ち寄り、弥山の頂で仏教の秘法を修める行を行ったという伝承もあり、神仏ともに縁の深い聖域なのです。弥山北側斜面は原始の植生を残し、「弥山原始林」として国の天然記念物に指定されています。

神社が、渡殿と呼ばれる廻廊で結ばれた寝殿造りという壮麗な建築様式を備えたのは、12世紀中頃。平安時代末期にこの地を司る安芸守に任ぜられた平清盛の造営によるもの。後白河法皇や高倉上皇をはじめ、皇族・貴族も京の都から参詣に訪れました。平家が滅んで後も、鎌倉幕府や毛利氏からも手厚い庇護を受け、嚴島神社はその麗しい姿を今に遺しているのです。

本社に入ると空間までも朱に染まり、満潮の水面に映る様子にも惹かれます。おそらく平安の人々も同じ光景を見ていたのかも、と想像することも「いとおかし」です。

本社社殿

本殿を中心に東西に建物を結ぶ廻廊が印象的。朱の鮮やかな柱と柱の間は1間（約2.4m）で、東西の廻廊を併せると107間、全長は約260mにも。

大鳥居

本柱に4本の控柱をもつ「両部大鳥居」形式。高さ約16m、棟の長さ約24m、本柱周り約10m。木造の鳥居としては高さ・大きさともに日本一。

宮島をご神体
囲む海を境内とする
あまりに幻想的な世界

自然と時間の奥深さを想う

嚴島神社の入江は干満差が大きく、刻々と景観は変化します。満潮時には小ぶりの観光船で大鳥居を潜れ、潮が引けば大鳥居の下まで歩いていけるほど。背後に鎮座する弥山も、夏は濃緑を誇り、秋は燃えるように紅葉で覆われます。季節ごとに表情を変え、それぞれに趣き深いものです。

ロープウェイを利用すれば、中空からの景色も堪能しつつ気軽に弥山を登れます。終点の獅子岩駅から徒歩で山頂に辿り着くと、展望台からは絶景が。眼前に広がる、空海も目にしたかもしれない瀬戸内のおだやかな海を眺めていると、あたかも極楽浄土から見下ろしているような感覚に。戦国時代、毛利元就（もとなり）が宮島の地で戦（いくさ）に及んだことも夢のまた夢のような、悠久の時の流れを覚えるのです。

五重塔

室町時代（1407年）の創建で、建築様式は和様と唐様（からよう）が融合しています。檜皮葺（ひわだぶき）で高さは27・6m。初重の柱は朱漆塗（しゅうるしぬり）で、内陣の天井には雲竜が描かれています。

memo

大鳥居の設置

根元を海底深くに埋めていると思われがちですが、実は自らの重さだけで立っています。本柱材は比重の重いクスノキの自然木で、さらに7tもの小石が詰め込まれ、総重量は約60tも。

文化遺産 三

450年の栄華

琉球王国のグスク及び関連遺産群

沖縄県那覇市ほか

座喜見城跡

めぐらされた石垣による2つのアーチ型の門が特徴です。尚巴志に使えた護佐丸の居城といわれています。最も高い城壁部分は13mほど。

按司（あじ）の出現と交易による発展

１４２９年から１８７９年までの４５０年間、沖縄は王制が敷かれた琉球王国として栄えました。グスクとは沖縄の方言で城を指し、もともとは砦状のものとも考えられています。琉球王朝が隆盛を極める以前の11世紀頃、農耕が始まると同時に、村のような集団生活が始まりました。その中にあって、各地で村を司る按司と呼ばれる有力者が登場します。按司が中心となり、日本、中国、朝鮮、東南アジア諸国などとの交易が盛んになったことで村は栄え、居城や倉庫、広場などが整い、規模が広がっていきました。

目を見張るのはその高い築造技術です。自然のままの石や、切り石を積み上げた美しい石垣を始め、石畳や階段に至るまでその精巧さに驚かされます。その技術は中国

知念半島にある斎場御嶽（せーふぁうたき）は、琉球王朝にとって最たる聖地でした。

玉陵

１５０１年に築かれた、大規模な総石灰づくりの王家の墓。いまも王とその一族の遺骨が納められています。

や朝鮮から伝わりました。日本本土に石垣造りが入ってきたのが15～16世紀と考えられているので、その遥か昔から沖縄では石垣が実用されていたことになります。14世紀に入ると、さらに大きな力を持った按司が現れ、やがて、3つの大きな勢力にまとめられていきます。北山（ほくざん）、中山（ちゅうざん）、南山（なんざん）の三山の按司がしのぎを削るように勢力を伸ばしました。結果、南山の按司・尚巴志（しょうはし）がライバルたちを破って1429年に三山を統一し、琉球王国を誕生させました。これを第一尚氏王朝と呼びます。しかし、第一尚氏7代目が病死した1469年、家臣の裏切りによって第一尚氏は滅ぼされ、第二尚氏王朝が始まります。

識名園（しきなえん）

中国からの使節一行を迎えた国王の別邸。建物（写真）は純琉球風ながら、回遊式庭園には和のテイストが。

memo

貿易が立国のきっかけに

アジア各国との交易により発展した琉球王国は、特に中継貿易という売買によって利益を上げていました。中国の陶磁器や絹織物、東南アジアの香辛料などを他国に転売していたようです。なかには日本本土の美術品なども。

首里城

王宮であり、琉球最大のグスク。総面積は46000㎡、正殿（写真）は3階建てで高さ16・3m。中国と日本の様式が合わさった独自の琉球建築です。

文化芸術、政治、交易を
華やかに咲かせた
琉球王国の象徴

按司を集め、制度を整えた国王

国の大きな転機となったのが、第二尚氏3代目の国王・尚真の時代。即位したときはわずか12歳という若さ。各地にいる按司を、王宮である首里の城下に一堂に集め、階級を与えるなど国の統制を図りました。さらには、首里城の隣の円覚寺、王家の墓である玉陵を建設するなど、国の基盤固めに尽力しました。

高度な建造技術、そしてその貴重な文化的伝統の証しとして、首里城を始めとした5つのグスクと、2つの御嶽（祭祀などを行う場所）、そして玉陵と識名園（王家の別邸）が世界遺産に登録されました。沖縄の各地にはほかに300にものぼるグスクがあるといわれています。

首里城の門を守る石でできたシーサー。ほかに龍やシャチなども。

歓会門・久慶門

首里城の国王や男性が使った正門・歓会門（奥）と、女性が使った久慶門（手前）。

執筆
北井裕子
編集部

協力
今井幹夫(富岡製糸場総合研究センター所長)

写真
小畑雄嗣
小林 淳 (P22～27)

撮影協力
富岡市・富岡製糸場

デザイン
佐藤のぞみ(ish)

写真提供
フォトライブラリー
PIXTA
飛鳥園 (P52～55)

【参考文献】

『日本の世界遺産 完全ガイド』(ぴあMOOK)

『日本の世界遺産』(JTBパブリッシング)

『まるごと日本の世界遺産 (世の中への扉)』
増田明代(講談社)

『法隆寺』田中昭三(JTBキャンブックス)

『ユネスコ世界遺産 原爆ドーム 21世紀への証人』中国新聞社編(中国新聞社)

『世界遺産ガイド―日本編―2015改訂版』
(シンクタンクせとうち総合研究機構)

『修学旅行で行ってみたい 日本の世界遺産 ④』
(岩崎書店)

『修学旅行で行ってみたい 日本の世界遺産 ⑤』
(岩崎書店)

* P8～19・P22～27・P34～51・P56～95・P105～110はUC/セゾンカード会員誌「てんとう虫/express」連載「日本の世界遺産」及び特集記事を再構成・デザイン修正の上、再録したものです。

Afterword

Can you introduce people to the things that give Japan its charm?

What is appealing about Japan to you?

Once, Japan was known around the globe as an economic great power, but in more recent years there have been visible moves to emphasize the attractions of the country's culture to the outside world. Furthermore, people elsewhere have likewise been demonstrating great interest in Japanese culture these days.

Japan has a rich natural environment with a beautiful landscape that shows off the changing seasons. This combination has produced so many charming features that have been carefully maintained over the centuries that one could never count them all, spanning food, techniques of craftsmanship, performing arts, observances, and customs. The "soul" that our forerunners nurtured likewise remains a robust presence.

Some of the things that are a matter of course to we who were born and have grown up in Japan may even seem mysterious to non-Japanese. In that light, we ourselves want to first take a fresh look at what's appealing about Japan's natural environment and culture, learn it anew, and then pass on what we have learned down the generations and out into the wider world. That sentiment has been infused into the *Nihon no tashinami-cho* [Handbooks of Japanese taste] series.

It is our hope that this series will present opportunities for the lives of its readers to become more healthy and enjoyable, enrich their spirits, and furthermore for taking a fresh look at their own cultures.

編集制作
株式会社アダック

装幀
宇賀田直人

表紙カバー・帯図案
榛原聚玉文庫所蔵　榛原千代紙「おしどり」

英訳
Carl Freire

日本のたしなみ帖

世界遺産

2015年4月24日　第1刷発行

編者――『現代用語の基礎知識』編集部

発行者――伊藤滋

発行所――株式会社自由国民社
東京都豊島区高田3-10-11
03-6233-0781（営業部）
03-6233-0788（編集部）
03-6233-0791（ファクシミリ）

印刷――株式会社光邦

製本――新風製本株式会社